数字生活轻松入门

制作艺术照片

晶辰创作室　田原铭　顾金元　编著

科学普及出版社

·北　京·

图书在版编目（CIP）数据

制作艺术照片 / 晶辰创作室，田原铭，顾金元编著．--北京：科学普及出版社，2020.6

（数字生活轻松入门）

ISBN 978-7-110-09631-4

Ⅰ．①制… Ⅱ．①晶… ②田… ③顾… Ⅲ．①图象处理软件 Ⅳ．①TP391.413

中国版本图书馆 CIP 数据核字（2017）第 181280 号

策划编辑 徐扬科
责任编辑 王 珅
封面设计 中文天地 宋英东
责任校对 焦 宁
责任印制 徐 飞

出 版 科学普及出版社
发 行 中国科学技术出版社有限公司发行部
地 址 北京市海淀区中关村南大街 16 号
邮 编 100081
发行电话 010－62173865
传 真 010－62173081
网 址 http://www.cspbooks.com.cn

开 本 710 mm ×1000 mm 1/16
字 数 187 千字
印 张 9.5
版 次 2020 年 6 月第 1 版
印 次 2020 年 6 月第 1 次印刷
印 刷 北京博海升彩色印刷有限公司
书 号 ISBN 978-7-110-09631-4/TP・234
定 价 48.00 元

“数字生活轻松入门”丛书编委会

前言

随着信息化时代建设步伐的不断加快，互联网及互联网相关产业以迅猛的速度发展起来。短短的二十几年，个人电脑由之前的奢侈品变为现在的必备家电，电脑价格也从上万元降到现在的三四千元，网络宽带已经连接到千家万户，包月上网费用从前些年的一百五六十元降到现在的五六十元。可以说电脑和互联网这些信息时代的工具已经真正进入寻常百姓之家了，并对人们日常生活的方方面面产生了深刻的影响。

电脑与互联网及其伴生的小兄弟智能手机——也可以认为它是手持的小电脑，正在成为我们生活中不可或缺的元素，曾经的“你吃了吗”的问候变成了“今天发微信了吗”；小朋友之间闹别扭的台词也从“不和你玩了”变成了“取消关注”；“余额宝的利息今天怎么又降了”俨然成了一些时尚大妈的揪心话题……

因我们的丛书主要介绍电脑与互联网知识的使用，这里且容略去与智能手机有关的表述。那么，电脑与互联网的用途和影响到底有多大？让我们随意截取几个生活中的侧影来感受一下吧！

我们可以通过电脑和互联网即时通信软件与他人沟通和

交流，不管你的朋友是在你家隔壁还是在地球的另一端，他(她)的文字、声音、容貌都可以随时在你眼前呈现。在互联网世界里，没有地理的概念。

电子邮件、博客、播客、威客、BBS……互联网为我们提供了充分展示自己的平台，每个人都可以通过文字、声音、影像表达自己的观点，探求事情的真相，与朋友分享自己的喜怒哀乐。互联网就是这样一个完全敞开的世界，人与人的交流没有界限。

或许往日平淡无奇的日常生活使我们丧失了激情，现在就让电脑和互联网来把热情重新点燃吧。

你可以凭借一些流行的图像处理软件制作出具有专业水准的艺术照片，让每个人都欣赏你的风采；你也可以利用数字摄像设备和强大的软件编辑工具记录你生活的点点滴滴，让岁月不再了无印迹。网络上有着极其丰富的影音资源：你可以下载动听的音乐，让美妙的乐声给你带来一处闲适的港湾；你也可以在劳累一天离开纷扰的职场后，回到家里第一时间打开电脑，投入到喜爱的热播电视剧中，把工作和生活的烦恼一股脑儿地抛在身后。哪怕你是一个离群索居之人，电脑和网络也不会让你形单影只，你可以随时走进网上的游戏大厅，那里永远会有愿意与你一同打发寂寞时光的陌生朋友。

当然，电脑和互联网不仅能给我们带来这些精神上的慰藉，还能给我们带来丰厚的物质褒奖。

有空儿到购物网站上去淘淘宝贝吧，或许你心仪已久的宝贝正在打着低低的折扣呢，轻点几下鼠标，就能让你省下一大笔钱！如果你工作繁忙，好久没有注意自己的生活了，那就犒劳一下自己吧！但别急着冲进饭店，大餐的价格可是不菲呀。到网上去团购一张打折券，约上三五好友，尽兴而归，也不过两三百元。

或许对某些雄心勃勃的人士来说就这么点儿物质褒奖还远远不够——我要开网店，自己当老板，实现人生的财富梦想！的确，网上开放式的交易平台让创业更加灵活便捷，相对实体店铺，省去了高额的店铺租金，况且不受地域及营业时间限制，你可以在 24 小时内把商品卖到全中国乃至世界各地！只要你有眼光、有能力、有毅力，相信实现这一梦想并非遥不可及！

利用电脑和互联网可以做的事情还有太多太多，实在无法一一枚举，但仅仅这几个方面就足以让人感到这股数字化、信息化的发展潮流正在使我们的世界发生着巨大的改变。

为了帮助更多的人更好更快地融入这股潮流，2009 年在科学普及出版社的鼓励与支持下，我们编写出版了“热门电脑丛书”，得到了市场较好的认可。考虑到距首次出版已有十年时间，很多软件工具和网站已经有所更新或变化，一些新的热点正在社会生活中产生着较大影响，为了及时反映这些新变化，我们在丛书成功出版的基础上对一些热点板块进行了重新修订和补充，以方便读者的学习和使用。

在此次修订编写过程中，我们秉承既往的理念，以提高生活情趣、开拓实际应用能力为宗旨，用源于生活的实际应用作为具体的案例，尽量用最简单的语言阐明相关的原理，用最直观的插图展示其中的操作奥妙，用最经济的篇幅教会你一项电脑技能，解决一个实际问题，让你在掌握电脑与互联网知识的征途中有一个好的起点。

晶辰创作室

目录

我们每个人都有许多值得回忆的往事，都曾保留了许多值得纪念的珍贵照片。然而，如果这些照片因种种原因被墨迹污染，或者出现划痕擦伤，或者年久褪色，甚至被扯破，那是多么可惜和遗憾！现在好了，我们可以通过Photoshop（简称PS）这个强大的图像处理软件，对这些受损的照片进行加工和处理，使其恢复原貌，甚至焕然一新。

Photoshop从7.0版本后进入划时代的CS版本时代。从本章开始，我们将通过典型的照片处理实例来介绍Photoshop CS6的使用方法，让读者在实践中了解和掌握照片的基本处理技巧，一步一步地提高实战水平。

第一章

妙手回春　旧照换新颜

本章学习目标

◇ 寻寻觅觅旧照片，妙招教你消折痕

学会对受损的照片进行加工和处理，使其恢复原貌，甚至焕然一新。

◇ 给黑白照添色，重现五彩斑斓的那些年

不应只有黑与白，学会给黑白照片添色，重现五彩斑斓的那些年。

◇ 眼睛是心灵的窗户，巧修饰灵动双眼

借助 Photoshop 中的工具对人物的眼睛进行修饰，使眼睛炯炯有神。

◇ 修正逆光照片，【曲线】工具来帮你

【曲线】工具可用来调整图像的色度、对比度和亮度，利用这个工具我们可对逆光照片进行修正。

◇ 照片偏色调整，恢复流光溢彩的记忆

对褪色等偏色的图像进行调整和加工，能使得处理后的照片色彩饱和艳丽。

◇ 去除照片中的阴影，去除各种不和谐

拍摄照片的时候，稍不注意，就可能出现遮挡的阴影，别急，有妙招！

◇ 去除照片中的多余背景

去除广告，去除路人，去除所有你不喜欢的背景。

◇ 矫正倾斜照片，横平竖直，来扭转乾坤吧

矫正倾斜照片，横平竖直，巧用【旋转画布】来扭转乾坤吧！

寻寻觅觅旧照片，妙招教你消折痕

在实际生活中，偶尔会翻出过去的照片，陈旧的记忆被一张张翻起，那里有你记忆深处最清晰的故事。然而当发现心爱的照片被折了，必然会大失所望。别担心！妙招帮你！

因 PS 需要电子版的照片，在将照片扫描至电脑后就可以进行下面的工作了。

图 1-1 所示的图片是一张典型的带有折痕的照片。可以看到从头顶中部到前额明显有一条白色折痕。折痕往往是因为照片被不小心折叠造成的。在本节中我们将介绍如何使用 Photoshop 工具箱中的【仿制图章工具】对这类问题照片进行修复。

【仿制图章工具】是通过将图像中的某一部分作为取样标准，然后将取样绘制到图像的其他位置或者另一幅图像中。

下面我们就对有折痕的照片进行修复，具体操作步骤如下：

1．启动Photoshop，打开要修复的照片，如图 1-1 所示。

图 1-1　带折痕的照片

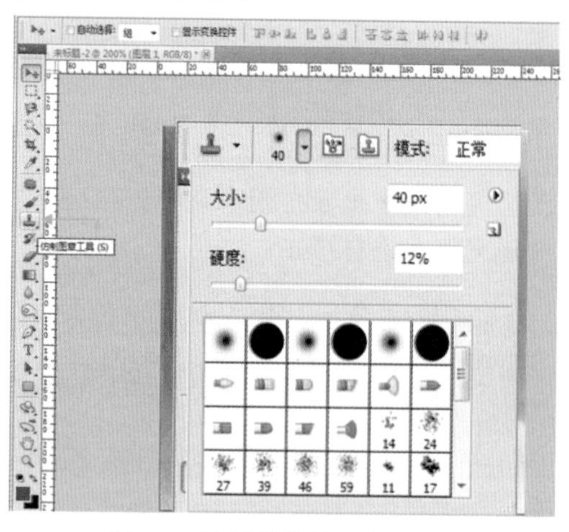

图 1-2　选择【仿制图章工具】

2．在左边工具箱中用鼠标选中【仿制图章工具(S)】。然后，在选项栏中设置画笔的属性及模式，选择第一排中间的圆作为画笔形状，将画笔“大小”设为40 px（像素），将其“硬度”设为12%，如图1-2所示。

3．调整好画笔属性后我们就开始修复。将鼠标指向与将要修复的地方相似的区域，按住 Alt 键，同时单击鼠标左键，从而完成样本的取样，如图 1-3 所示。

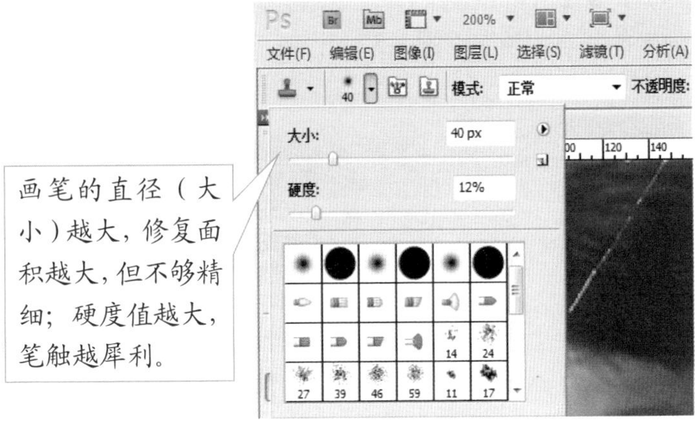

图 1-3　设置画笔的属性及模式

4．松开Alt键，将鼠标移到修复处，按住鼠标左键并拖动，系统就会将样本处的像素复制到鼠标所经过的地方，如图 1-4 所示。在修复局部细节时，应减小笔尖的大小，并且选中工具栏中的【缩放工具】使局部放大（亦可同时按下Ctrl键和"+"键），这样便于取样修复。

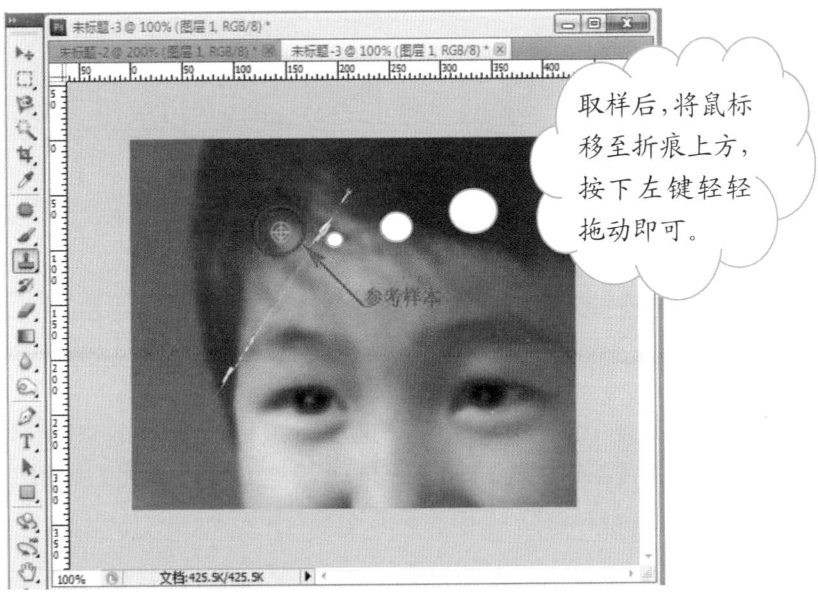

图 1-4　取样及修复照片

5．根据要修复部位的明暗程度不同，适当地选择样本点，然后按照上述修复的方法动态地复制。

6．在修复过程中，如果对所进行的修复操作不满意，可随时选择菜单栏中的【编

辑(E)】|【还原仿制图章(O)】或【后退一步(K)】命令，也可以从右侧的控制调板中的“历史记录”来恢复原来的状态。请参见图 1-5、图 1-6。

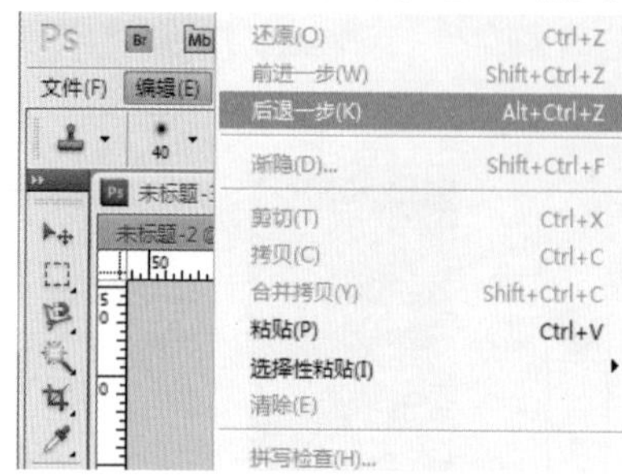

图 1-5 【后退一步(K)】命令

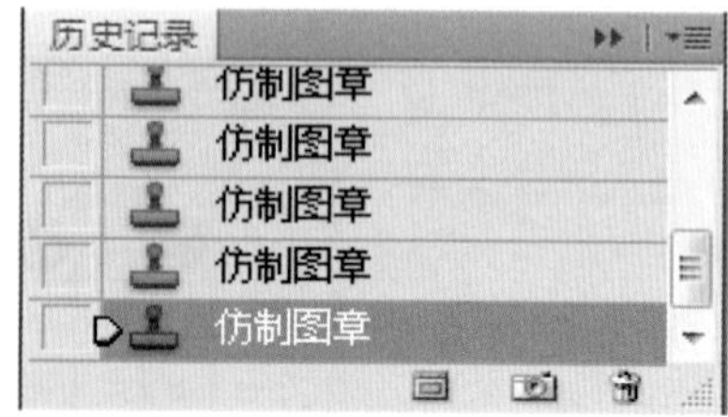

图 1-6 “历史记录”调板

7. 最终的修复效果如图 1-7 所示。将修改后的照片保存起来，修复工作就大功告成了。

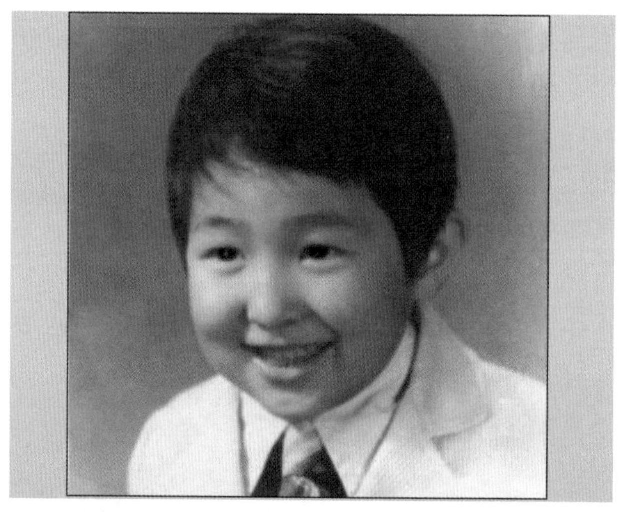

图 1-7 折痕修补成功的照片

在该图的修复中我们只用到了【仿制图章工具】，实际上，对于那些复杂的色块区域，还需要用【涂抹工具】【画笔工具】【模糊工具】【锐化工具】【加深工具】【减淡工具】等进行综合处理，才能使修复效果更加完美。

提示 照片的修复是一项技术性很强的工作，不仅需要耐心细致，还要有一定的艺术修养。用 PS 修复照片的过程也是陶冶艺术情操的过程。

给黑白照添色，重现五彩斑斓的那些年

色彩和色调在图像的修饰中是至关重要的，熟练掌握图形色彩和色调的控制，才能制作出高品质的作品。在本节中，我们将利用 Photoshop 的【套索工具】创建不规则形状的选区，并结合【色彩平衡】命令，通过调节图像的输出颜色将一张普通的黑白照片处理成彩色照片的效果。

下面，我们以图 1-8 中的小姑娘为素材来制作彩色照片，具体步骤如下：

1．制作彩色照片，需要根据照片中的内容分区域、分步骤地进行渲染。在此图中人物头发与脸部的对比度较为明显，使用【磁性套索工具】，可以轻松地选取颜色差别较大的图像区域。选择工具箱中的【磁性套索工具】，按住鼠标在图像中头发和脸部交界附近拖拉，Photoshop 会自动将选取边界吸附到交界处，当鼠标回到起点时，【磁性套索工具】的小图标右下角就会出现一个小圆圈，这时松开鼠标就会形成一个封闭的选区，这样即可勾勒出脸部区域，如图 1-8 中的蚂蚁线所示。

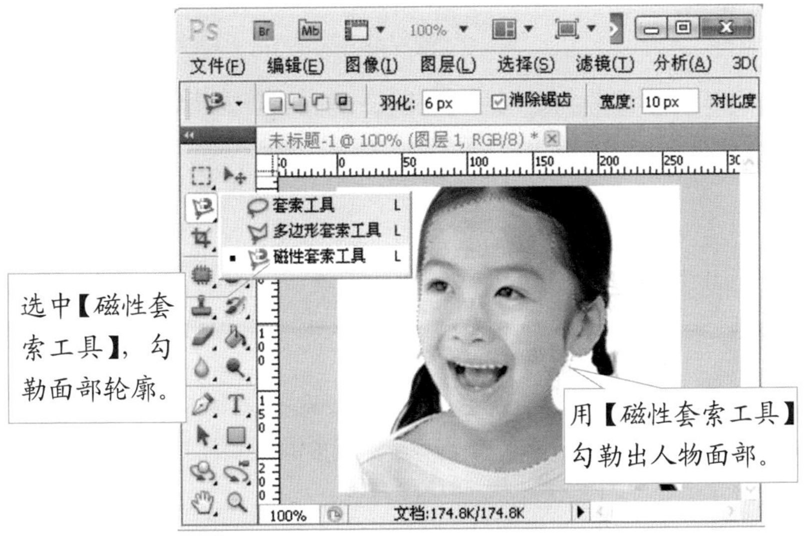

图 1-8　黑白照片

2．选择【图像(I)】|【调整(J)】|【色彩平衡(B)】选项，弹出对话窗口，如图 1-9 所示。

3．分别向左右移动“青色”“洋红”和“黄色”三个调节杆上的滑块，直至渲染区域呈现出肉色；或者直接在色阶栏中键入这三种色调数值，实例中此三色的数

值分别是 67、8、-40。点击【确定】按钮进行保存。

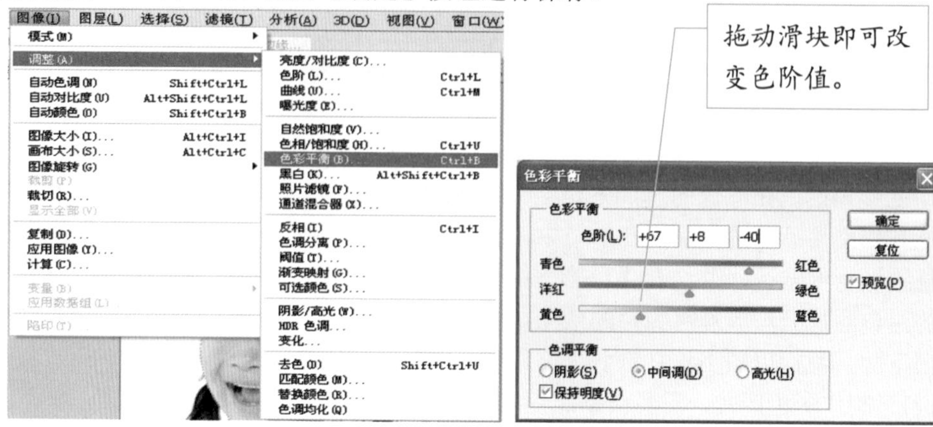

图 1-9　人物肤色的调整

4. 接着选用【套索工具】选择嘴唇部位，再次调出“色彩平衡”对话框，通过颜色调节杆渲染出唇色，实例中将“青色”“洋红”和“黄色”三值分别设为39、-18、13，然后按下【确定】即可将选中区域渲染成唇色，如图1-10 所示。

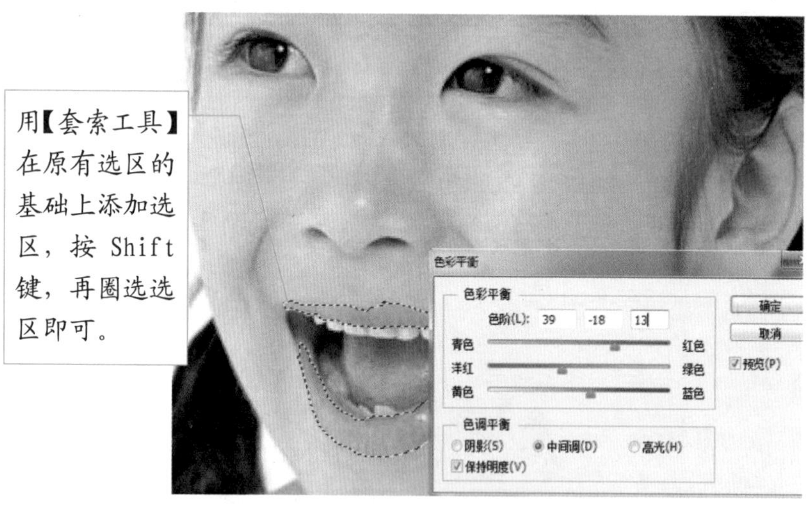

图 1-10　唇部的色彩调整

5. 用相同的方法渲染背景及其他部位。在渲染的过程中，还可以使用【模糊工具】【锐化工具】【涂抹工具】【减淡工具】等进行局部的细微变化处理，将脸部颜色渲染得更加自然。

由此我们看到，图像颜色的校正与黑白图像转换成彩色图像从本质上讲没有区别，不同的只是前者对整幅图像调整像素，后者分色块区域依次调整像素。利用这个原理，我们还可以完成衣服换色、头发染色等操作，在此就不一一列举了，我们

在这里只是给出最后结果（图 1-11），具体制作过程读者可自行尝试。

图 1-11　黑白照片添色后的效果

提示

客观地说，如果要处理得自然逼真，还是很不容易的，除了需要熟练的技巧之外，还需要有扎实的绘画知识和色彩知识。

眼睛是心灵的窗户，巧修饰灵动双眼

在拍摄照片的时候，由于拍摄环境和摄影器材的原因，拍摄出来的照片中人物的眼神有时会显得黯淡没有生气。借助 Photoshop 中的【替换颜色】【加深工具】等命令可以对人物的眼睛进行修饰，甚至可以起到“画龙点睛”的作用，让人物的眼睛炯炯有神。下面我们就一起动手对图 1-12 中的照片进行修饰。

图 1-12　眼神略显黯淡

具体操作步骤如下：

图 1-13　选中眼睛

1．启动 Photoshop，点击【文件(F)】|【打开(O)】按钮，在“打开”的对话框中选择图片路径，打开要修改的照片，如图 1-12 所示。

2．先用【椭圆选框工具】选中一只眼睛，然后按下 Shift 键再选中另一只眼睛，如图 1-13 所示。执行菜单栏中的【图像(I)】|【调整(J)】|【替换颜色(R)】命令，弹出“替换颜色”对话框，如图 1-14 所示。将“颜色容差”设置为 40；用【吸管工具】在人物图像的眼球部位点击，选取替换的颜色，完成选色后，单击【确定】按钮保存退出。

拖动滑块改变颜色容差值。

图 1-14　替换眼睛部分的颜色

3．在工具箱中选择【缩放工具】，在画面上方单击，调整视图比例。然后选择【加深工具】并设置其属性：“主直径”设为 4 像素，“硬度”设为 0%，“范围”设为“中间调”，“曝光度”设为 50%。设置完成后，反复在人物眼睛上涂抹，涂抹时注意留住瞳仁的高光部分，如图 1-15 所示。

右击后可选择【加深工具】。

图 1-15　加深眼睛

4. 在工具箱中选择【画笔工具】，将前景色设置为白色（图 1-16）；将画笔的“硬度”值调为 0%，“主直径”根据实际需要进行变化，“模式”调为变亮或强光等，“不透明度”调为 50 %。在眼睛上方点击，为眼睛加光，如图 1-17 左眼所示。

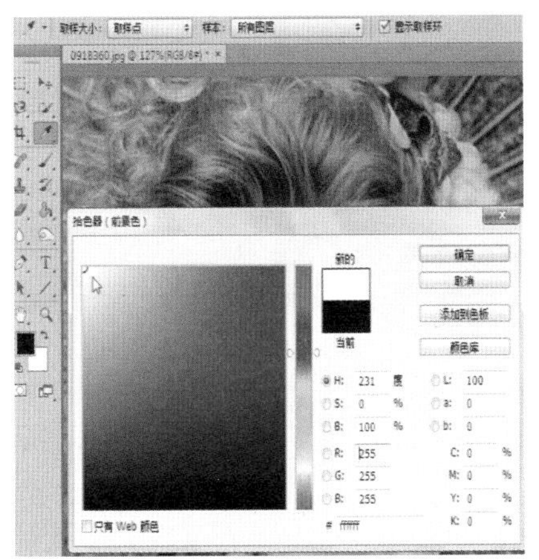

图 1-16　设置前景色为眼睛加光

图 1-17　为眼睛加光

5. 最后，按 Shift+Ctrl+S 快捷键将图片保存，最终效果如图 1-18 所示。怎么样，图片中人物眼神是否炯炯有神了？

对于初学者来说，直接进行第 4 步或者通过【画笔工具】进行修饰亦可达到类似的效果。

图 1-18　炯炯有神的双眼

修正逆光照片，【曲线】工具来帮你

在拍摄创作过程中，被摄对象经常会处于光线与摄影者之间，在这种光线下拍出来的照片就是我们常说的逆光照片，比如图 1-19 所示的照片。在逆光拍摄中，人像的脸部、正面等背光处会呈现相对较暗的情况，从而使画面中的人物与背景反差过大，影响照片的整体质量。这一节，我们将介绍如何用【曲线】工具来修正逆光问题照片。

图 1-19　逆光照片人物较暗

对逆光照片的修正，Photoshop 主要是通过【曲线】和【快速蒙版】等工具来完成的。

Photoshop 把图像大致分为三个部分：暗调、中间调、高光。在【曲线】面板中那条直线的两个端点分别表示图像的高光区域和暗调区域。直线的其余部分统称为中间调。曲线不是滤镜，它是在忠于原图的根本上对图像做一些调整，而不像滤镜可以产生无中生有的效果，曲线不是那么难以捉摸的。希望读者根据本例对曲线有一个崭新的体会，使曲线工具成为你 PS 艺术照片的得力助手。

具体操作步骤如下：

1．打开上图所示的要修改的照片，即“图层 0”（具体名称可按自己的使用习惯更改），单击进入右边的【图层】控制面板，如图 1-20 所示。

2．按图 1-20 所示将图层 0 拖动到【创建新图层】图标上，复制成一个“图层 0 副本”。指定图层 0 为当前图层，用鼠标点击副本层前面的眼睛图标即可隐藏该图层。

提示 由于照片中的人物与背景反差比较明显，如果只用单图层的曲线调节来提高人物的亮度，会使背景过亮，不能达到满意的效果。

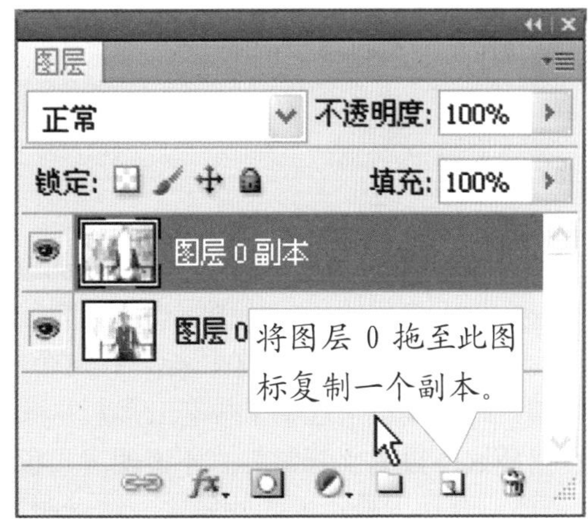

图 1-20　复制并隐藏副本图层

3．如图 1-21 所示，单击【图像(I)】|【调整(J)】|【曲线(U)】命令，打开【曲线】面板。在未做任何改变时，输入和输出的色调值是相等的，是一条倾斜角为 45° 的直线，这就是曲线没有转变的原因。当你对曲线上任一点做出改动，就改变了图像上相对应位置的亮度像素。点击确立一个调节点，这个点可被拖移到网格内的任意位置，是亮是暗全看你是向上还是向下拖移。这里按照实际情况适当调整曲线。

4．显示图层 0 副本，并单击该层将其指定为当前图层。

5．再次选择【图像(I)】|【调整(J)】|【曲线(U)】命令，如图 1-21，打开【曲线】面板。按照人物影调的实际情况适当地调整曲线，使人物的影调达到满意后，点击【确定】按钮保存设置，如图 1-22 所示。

图 1-21　曲线命令

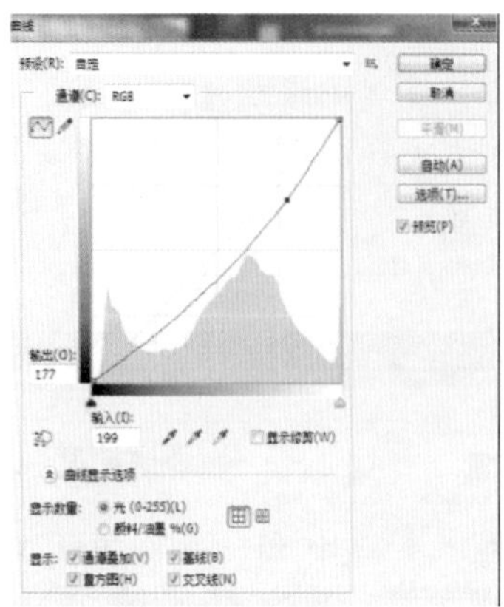

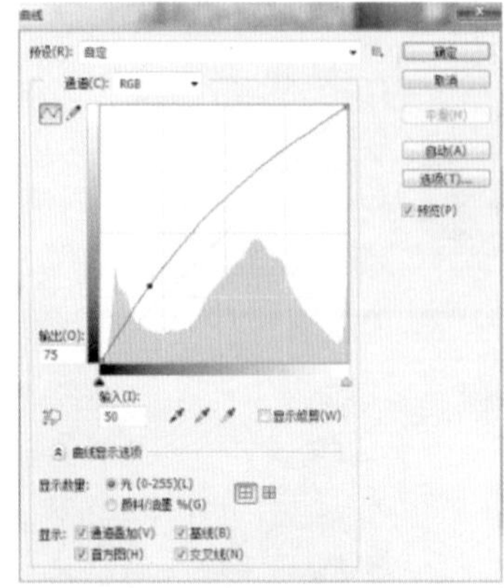

图 1-22　图层 0 和图层 0 副本的曲线调整

6．接下来用蒙版遮去图层中不需要的地方。按住 Alt 键，在【图层】面板上用鼠标点击【添加图层蒙版】图标，在这个图标上添加一个黑蒙版。

7．在工具箱中选中【画笔工具】并将前景色设为白色。在选项栏中设置画笔属性："模式"设为"正常"，"不透明度"设为 100%，根据实际情况调整笔刷直径。之后精心涂抹图像中的人物轮廓。请参照图 1-23 所示。

图 1-23　添加图层蒙版

8．人物修饰完成后，开始修饰身体后面的铁栏杆，以便和人物的色调相匹配，达到统一的效果。将笔刷的不透明度稍微降低，调节为 53%，适当改变笔刷直径，然后精心涂抹这些物体。

9．用鼠标单击【图层】面板上当前层的缩略图，退出蒙版编辑状态。

10．最后，进一步修饰图像中人物的面部。在工具箱中选中【减淡工具】，在上边的选项栏中设定合适的笔刷直径，在"范围"中设定为"高光"，曝光度设为 50%。

在人物面部小心点击鼠标，将局部适当减淡或加亮。

11．选择【图层(L)】|【合并图层】命令，将所有图层合并，并进行保存。

最终修复效果如图1-24所示。在Photoshop中对此类照片的修整，可以通过【柔光效果】【通道混合模式】和【曲线】等工具或命令进行修复。至于哪种方法更好，还要根据实际照片的明暗反差和自己的熟练程度来选择。

图 1-24 逆光照片修正前后比较

提示 对于曝光不足的照片，也可以用调节曲线的方法进行修整。

照片偏色调整，恢复流光溢彩的记忆

很多美景，一生只去看过一次；很多合影留念是一生的记忆。但某些客观的条件有时候会给这些美好的曾经留下一些遗憾，如照片出现偏色。

偏色可能由多种因素造成。光线问题、曝光程度及白平衡设置等都会影响照片偏色的程度。为此，我们可以利用Photoshop软件中的色彩变化工具，对这些偏色的图像进行调整和加工，使得处理后的照片色彩饱和艳丽，甚至制作出用高端照相机也难以达到的效果。

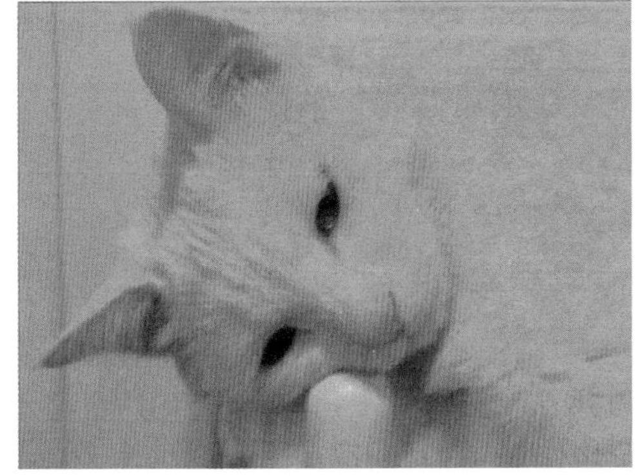

图 1-25 偏色照片

我们以图1-25所示的偏色照片为例，分别介绍用Photoshop软件中三种常用的方法来调整偏色图像。

图 1-26　照片变化设定

方法一：使用【变化】命令来对照片进行偏色调整。

1．打开要调整的照片。

2．选择【图像(I)】|【调整(J)】|【变化...】选项，弹出“变化”对话窗口，如图 1-26 所示。

3．设定调整的属性，其中有 4 种选择分别是“阴影”“中间调”“高光”“饱和度”，在此选择“中间调”或者“饱和度”。

4．设定调整的精度，“精细/粗糙”调节杆上的滑块越往左移动越精细，反之则越粗糙。可以根据实际情况调节。

5．选择“中间调”校正偏色时，需要注意，如果图像整体偏重某一种颜色，则按照补色的原则进行调整。在该对话框中，中间当前图像（下方有“当前挑选”字样）的四周对角线上就是互补的颜色。如果该图像偏黄，则应该适当加入绿色调，即用鼠标单击绿色调的缩略图，可以多点击几下直到偏色消失为止。根据实际情况还可以适当增加一些其他颜色，或者在右边的亮度区域内调整图像的亮度，如图 1-27 所示。

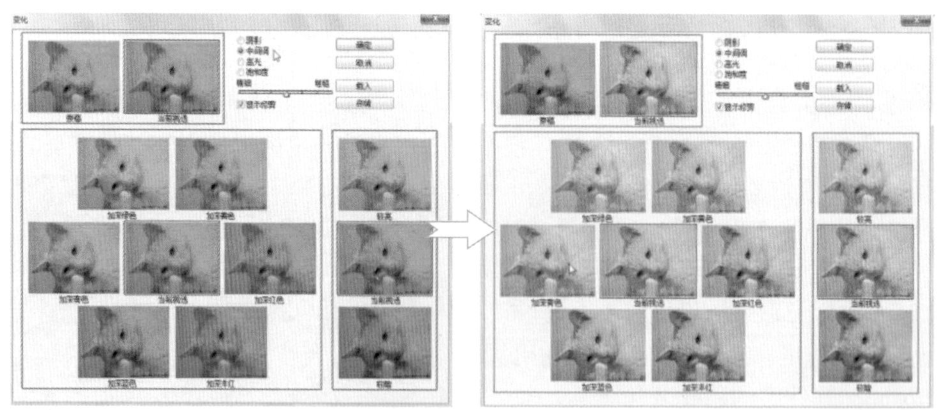

图 1-27　选择“中间调”调色

选择“饱和度”校正偏色时，这张照片颜色饱和度过高，因此，这里选择降低饱和度，如图 1-28 所示。

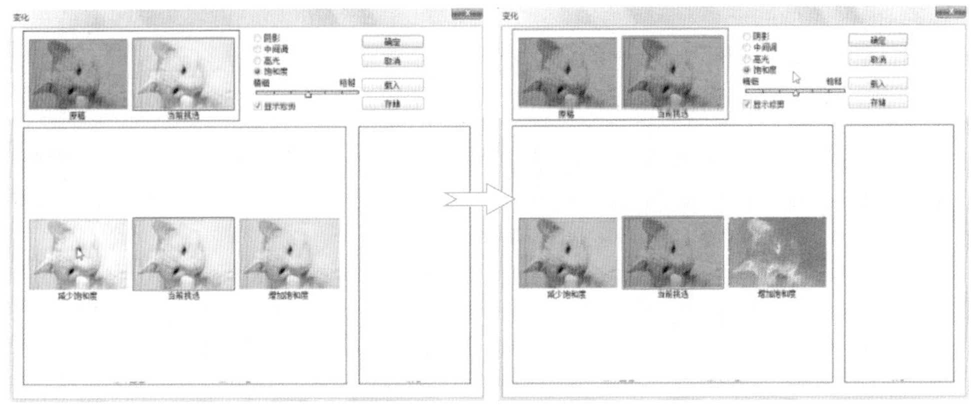

图 1-28 选择“饱和度”调色

6．最后，按【确定】按钮保存设置。最终修复效果分别如图 1-29、图 1-30 所示。

图 1-29 选择“中间调”调色修复效果图

图 1-30 选择“饱和度”调色修复效果图

提示

由于原图颜色较为单一，“中间调”调色修复的效果图显得比“饱和度”调色修复的效果图效果差一些。但在处理颜色丰富多变的图时，前者调色修复能力强很多，两者结合效果会更好。

方法二：使用【色彩平衡】命令对照片进行偏色调整。

1．选择【图像(I)】|【调整(J)】|【色彩平衡(B)】选项，如图 1-31 所示。

2．选择调整的属性，在实例中选中“中间调”选项。

3．根据图像的偏色情况，分别在“青色”“洋红”和“黄色”三个调节杆上拖动滑块，并随时观察图像的颜色校正情况，如图 1-32 所示。满意后点击【确定】按钮保存退出，如图 1-33 所示。

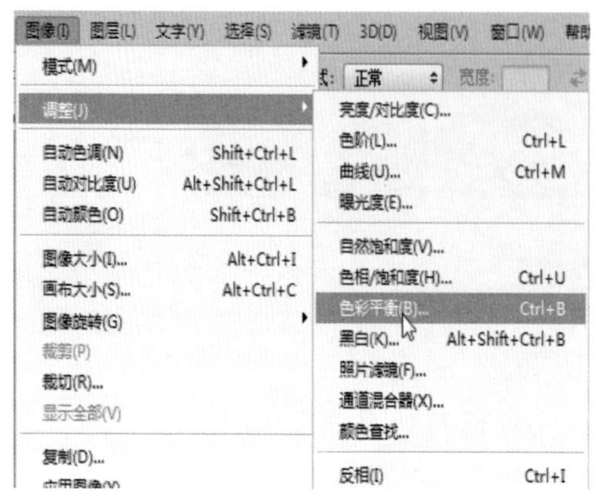

图 1-31　选择【色彩平衡(B)】

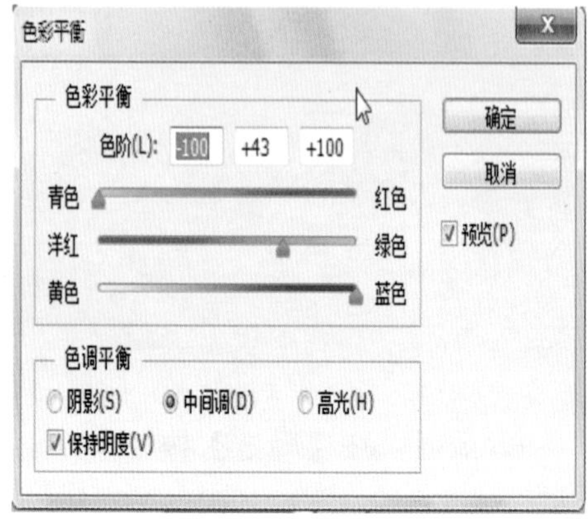

图 1-32　色彩平衡设置

图 1-33　修复效果图

方法三：使用【色相/饱和度】命令对照片进行偏色调整。

1．选择【图像(I)】|【调整(J)】|【色相/饱和度(H)】命令，弹出“色相/饱和度”对话框，如图 1-34 所示。

2．可以选择全图或者选择需要调整的特定颜色。如果选择了某个特定颜色，则在调整图像时仅改变该颜色值，其他颜色值不会改变。在此，我们选择全图模式，如图 1-35 所示。

3．通过在“色相”“饱和度”和“明度”三个调节杆上拖动滑块来校正图像的颜色。在拖动“色相”滑块时你会发现实际上该命令的调整原理是一种颜色表的

映射结果。

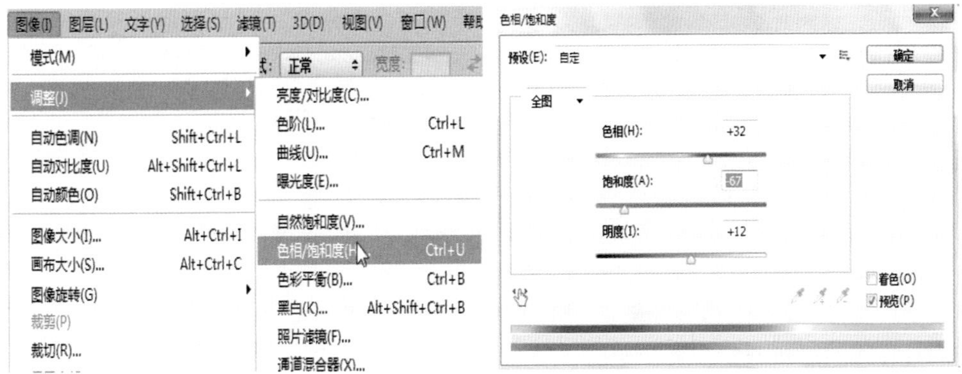

图 1-34 选择【色相/饱和度(H)】　　图 1-35 选择全图模式调整“色相/饱和度”

4．适当拖动“饱和度”和“明度”滑块，满意后，按【确定】按钮保存设置，即可得到图 1-36 所示结果。

图 1-36 修复效果图

提示

【变化】命令虽然直观简单，但在调整时存在着个人的主观性，并且很不精确，需要凭肉眼观察做出判断。

去除照片中的阴影，去除各种不和谐

在拍摄照片的时候，尤其是在灯光下拍照时，如果稍不注意，照片上就可能出现大片的阴影，这些阴影会影响照片的整体效果。一般来说，要想成功地去除这些阴影是要费一番功夫的。

这一节，我们就用 Photoshop 中的 Alpha 通道、【画笔工具】和【曲线】等工具来对照片中的阴影进行修复。图 1-37 所示就是我们的案例修复前后的对比效果。

图 1-37　选择全图模式调整“色相/饱和度”

图 1-37 中的原图在拍摄时，因闪光灯被物体遮挡，造成照片局部产生大面积阴影。具体消除阴影的操作步骤如下：

1．打开图 1-37 左图所示的要修复的照片。

2．用鼠标将背景层拖到下面的【创建新图层】图标上，复制成一个背景副本，如图 1-38 所示。

提示

养成良好的 PS 使用习惯，记住不要在一个图层里做两个效果。背景图层是被锁定的，通常不能编辑，只能填充颜色和渐变。当你要添加图片、做各类效果时请创建新图层，以便于操作和修改。

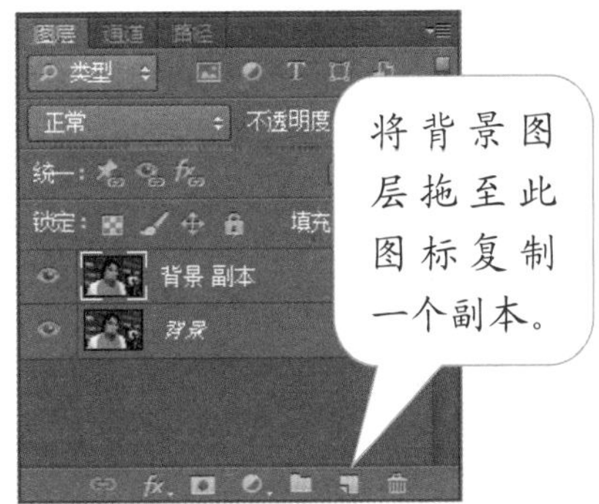

图 1-38　创建图层副本

3．单击【图像(I)】|【计算(C)】命令，打开【计算】面板，如图 1-39 所示。选择“源 1(S)”|“图层(L)”|“合并图层”，“源 1(S)”|“通道(C)”|“灰色”；设定“源 2(U)”|“图层(Y)”|“背景副本”，“源 2(U)”|“通道(E)”|“灰色”，并勾选“反相(V)”；选择“混合(B)”|“减去”，设置完成后单击【确定】按钮保存退出。

提示　要修改一张图片，最好先将它复制，然后在原图副本中进行修改。这样，如果不满意可以将副本删除，而不会影响原图。

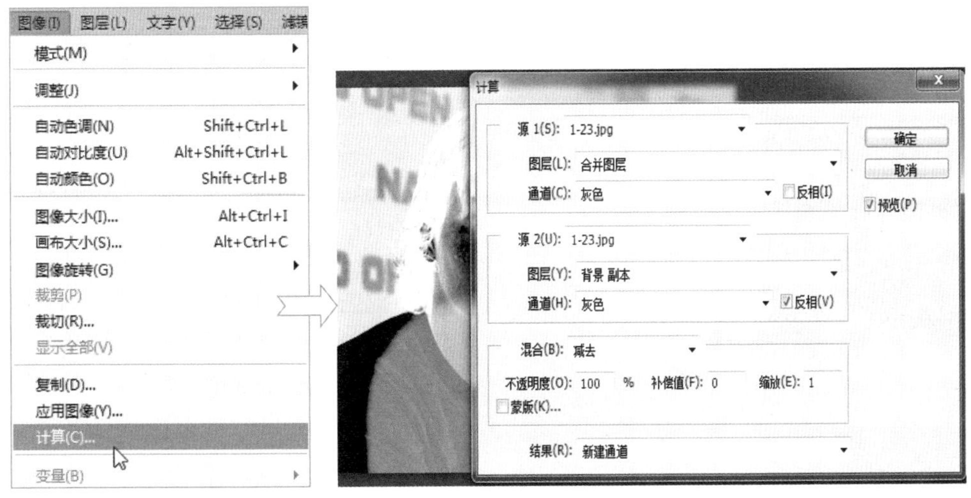

图 1-39　创建新通道

4．打开【通道】面板，可以看到新产生一个“Alpha 1”通道，这就是所需要的选区。

5. 在工具箱中选择【画笔工具】并设定前景色为黑色。然后，选择直径合适的笔刷，将“Alpha 1”通道中大面积阴影以外的区域都涂抹成黑色，留下来的部分就是所需要的选区了，如图 1-40 所示。

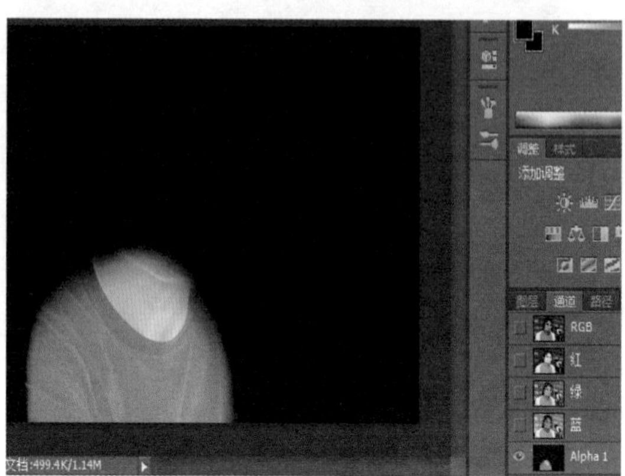

图 1-40　在“Alpha 1”通道将非阴影区抹黑

6. 按住 Ctrl 键，用鼠标单击“Alpha 1”通道，可以看到蚂蚁线选区框。

7. 按住 Ctrl + Shift 键，继续点击相应的通道添加选区，直到选区的蚂蚁线与阴影部分的范围大致相当。

8. 对载入选区的边缘还要做进一步的修饰。用鼠标单击“背景副本”层将其激活为当前层，点击【选择(S)】|【调整边缘(F)】，如图 1-41 所示，设定边缘检测半径为 20，单击【确定】按钮退出。

图 1-41　调整边缘

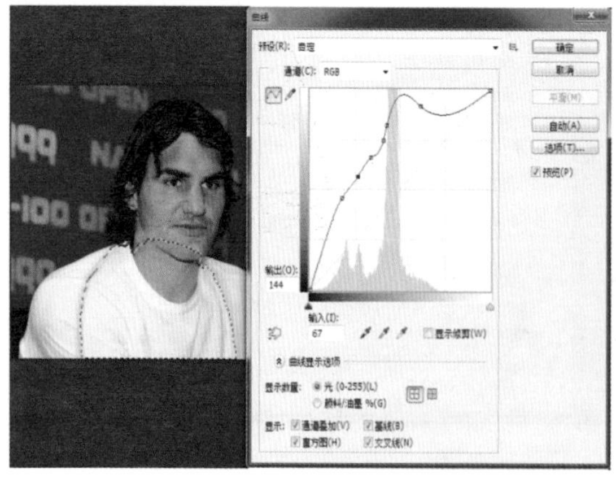

图 1-42　调整影调

9. 接下来要调整影调，选择【图像(I)】|【调整(J)】|【曲线(U)】，打开曲线面板，在面板中调整曲线，观察图像中阴影部分的影调与外面的影调大体相当，单击【确定】按钮，如图 1-42 所示。

10. 如果对修复区域的边缘还有一些不满意，可以建立蒙版精心修饰。在虚线边框还存在的情况下，在【图层】面板上单击【添加新图层蒙版】，在当前层上建立蒙版，用直径适当的笔刷在修复阴影的边缘上精心涂抹并

及时改变笔刷的属性值，直到阴影区域的边缘看上去不再明显，这张照片就基本修复完成了。

11．最后选择【图层(L)】|【合并图层】命令将图层合并，再用工具箱中的【减淡工具】和【涂抹工具】进一步修饰局部画面，最终效果如本节开始的图 1-37 右图所示。

提示　【合并可见图层】的作用是把目前所有处在显示状态的图层合并，在隐藏状态的图层则不做变动。【合并图层】则是将所有的图层合并为背景层。

去除照片中的多余背景

在平时拍摄照片时，画面中难免有一些多余的景物和不和谐的背景，如不做处理，这些多余之处很煞风景，经过必要的处理则可以让照片更完美。本节就是要用 Photoshop 里的【仿制图章工具】对此类照片进行修复。图 1-43 中贴在墙上的那张告示破坏了照片的整体气氛，下面就让我们一起把这张纸“撕”掉吧。

墙上的告示使照片看上去很不和谐。

图 1-43　贴有告示的墙

具体操作步骤如下：

1．启动 Photoshop，打开图 1-43 中要修复的照片。

2．在工具箱中选中【矩形选框工具】，在这张白纸上方或下方建立一块选区，如图 1-44 所示。要擦除这张纸，最好的办法是复制旁边相同砖墙的图案，将白纸覆盖掉。

图 1-44　选择一块相近的区域

3．按住 Ctrl+Alt 键，将鼠标放在选区内，会看到黑白重叠的箭头标志，按住鼠标向上移动，将复制的图像移动到白纸的位置，将白纸完全覆盖。

4．对没有完全覆盖的部分，重复以上步骤，直到全部覆盖并且砖墙结合处非常紧密为止，最终效果如图 1-45 右图所示。

图 1-45　修复前后比较

怎么样，经过这样简单的操作，照片中多余的实物就被去除了，现在看上去是不是舒服多了？

去除照片中多余背景的另一个常见任务就是去除不和谐的背景。

在图 1-46 的左上角画面中，人的半截身子影响了整张照片的完美。下面，我们还是用 Photoshop 的【仿制图章工具】对其进行修饰。具体操作步骤如下：

图 1-46　修复前身边有其他人

1. 在工具箱中选择【仿制图章工具】，根据所要修饰的位置随时改变笔刷的“大小”，并设置“硬度”值为 45%，如图 1-47 所示。

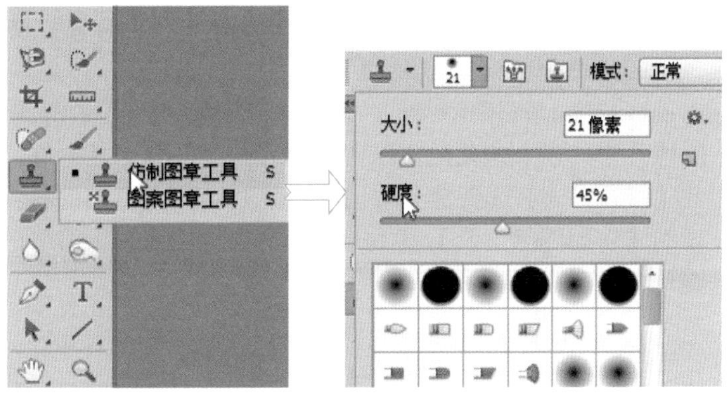

图 1-47　【仿制图章工具】设置

2. 设置完笔刷属性后，我们来选择仿制取样点。将鼠标放在背景多余实物旁的海浪图像上，按住 Alt 键看到鼠标图标变成一个十字中心圆，单击鼠标，这一部分的图像就被选中了。

3. 接着释放鼠标左键和 Alt 键，将鼠标移到要复制的地方点击并拖曳，得到如图 1-48 所示的效果。

4. 重复以上步骤，直到基本将多余背景去除。

5. 最后要做的就是精心修饰局部图像，使海浪看上去更有连续性，在此过程中要及时改变笔刷的属性参数，以达到比较完美的效果，最终修复效果如图 1-49 所示。

图 1-48 消除不和谐背景

6. 修复完成后，对改后的照片进行保存。

怎么样，是不是修改后的照片看上去更完美了？现在看到它，不再有遗憾之感了吧！

图 1-49 修复成功，消除多余背景

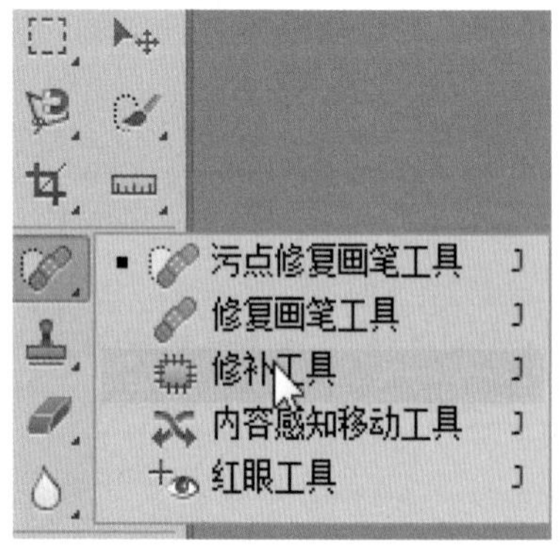

图 1-50 【修补工具】

其实，去除照片中的多余背景的方法除了用【仿制图章工具】外，我们还可以通过工具箱中的【修补工具】达到这一效果，如图 1-50 所示。它的具体使用方法和效果与这里介绍的【仿制图章工具】基本相当，感兴趣的朋友不妨拿出一张类似的照片分别用这两种方法试着做一做。

矫正倾斜照片，横平竖直，来扭转乾坤吧

在拍摄照片的时候，如果稍不注意，相机端得不平，就会造成所拍摄的照片中地平线或者背景物倾斜，从而使照片的整体看上去不端正。为矫正倾斜的照片，我们首先用【标尺工具】测量出倾斜的角度，然后用【图像旋转】命令按照纠正后的角

度进行角度的调整来达到满意的效果。

提示 测量线是一个矢量工具，它将测量线的起始坐标、线的长度、水平偏移角度等数值显示于选项栏中。

具体操作步骤如下：

1．启动 Photoshop，点击【文件(F)】|【打开(O)】选项，在“打开”的对话框中选择图片路径，打开要矫正的照片，如图 1-51 所示。

图 1-51 海平面倾斜

2．点击工具栏中的【标尺工具】，并用该工具沿海平面位置拉出测量线，同时注意观察窗口上方的信息栏，可以看到其角度值为 2.7°，如图 1-52 所示。

图 1-52 标尺工具

3. 根据测量线数值旋转画布。选择【图像(I)】|【图像旋转(G)】|【任意角度(A)】，在弹出的“旋转画布”对话框中可以清楚地看到需要矫正的倾斜角度已经自动填写好了。最后，在该对话框中点击【确定】按钮进行保存，很快 Photoshop 会自动地将倾斜的照片矫正过来，如图 1-53、图 1-54 所示。

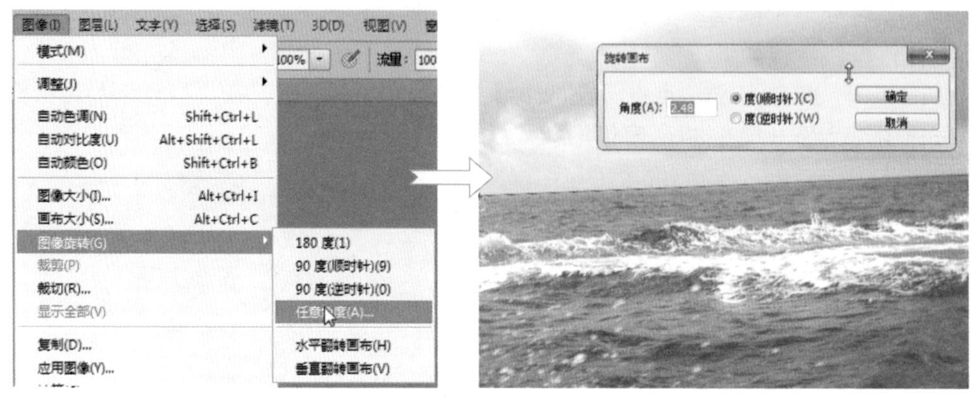

图 1-53　旋转画布至水平

图 1-54　调整为水平后的照片

4. 矫正好图片后，需要进行裁剪。在工具箱中选择【裁剪工具】，然后用鼠标左键在图像中拉出所需裁剪的区域，选好裁剪区后按回车键确认此步操作，如图 1-55 所示。

5. 经过以上步骤，倾斜的照片就被矫正过来了，效果如图 1-56 所示。

图 1-55　裁剪

图 1-56　最终效果

6. 最后，保存矫正后的照片。单击菜单栏中的【文件(F)】|【存储为(A)】命令，在弹出的“存储为”对话框中，选择保存路径、存储格式和文件名称。

选择好后点击【保存】按钮，Photoshop 会根据你所选择的存储格式弹出相应的“输出图像质量”对话框，可根据对图像画面的需求进行选择。

要达到大师级的摄影或者绘画水平，就必须熟练掌握专业的技术方法，并长期不懈地磨炼和实践。这不仅需要花费大量的时间，还需要添加必要的专用设备。作为一个初学者，你可能因此望而却步。现在，你只需要一台计算机，凭借Photoshop等数字化图像处理软件，通过后期的编辑和制作，就能够轻松自如地制作出具有专业水准的艺术照片和特殊效果了。

本章我们将通过大量的范例，介绍用Photoshop处理图像的常用方法和技巧，使初学者迅速掌握Photoshop的基本操作，并对其有一个总体的认识。

第二章

流光溢彩　效果如梦似幻

本章学习目标

◇ 多姿多彩，色彩魔方

一张普通的照片经过简单的艺术加工可变得多姿多彩，玩转色彩“魔方”。

◇ 黑白世界，一枝独秀

在黑白照片中保留局部彩色效果，做出突出气氛和情调的照片。

◇ 多色花瓣，绚丽多彩

景色可以更加绚丽多彩，让花瓣呈现五颜六色吧。

◇ 视觉冲击，摆脱僵硬

摆脱僵硬的感觉，利用动感模糊效果带来快速度的视觉冲击。

◇ 日景夜景，挑战时光

白天的美到了夜里会有怎样的精彩？将白天的照片制作成夜景效果吧。

◇ 装饰达人，神来之笔

利用模糊背景效果、卷边效果和邮票效果达到装饰的目的。

◇ 色彩效果，大显身手

通过色相调节效果和发光效果调节照片的色彩和显示效果。

◇ 冲击效果，感官世界

利用液化效果、爆炸效果和绘画效果使照片冲击感更强烈。

◇ 神奇滤镜，视觉盛宴

介绍滤镜中常用的融化效果、编织效果、水珠效果和闪电效果。

多姿多彩，色彩魔方

一张普通的彩色照片经过简单的艺术加工后可以变得多姿多彩。这一节，我们就在 Photoshop 的【通道】面板中建立专色通道，并在专色通道的网格中进行一系列色彩设置，从而实现多色照片的艺术效果。

下面我们就以图 2-1 中的照片为例，看看这一效果是如何实现的。

图像中如果再多一些绚丽的色彩会更有艺术性。

图 2-1　处理前的图片

具体操作步骤如下：

1．打开图 2-1 中的目标照片。

2．在菜单栏中点选【图像(I)】|【调整(J)】|【去色(D)】命令，将图片修改为黑白照片的效果，如图 2-2 所示。

提示　Photoshop 几乎对所有的操作都提供了快捷键，例如，将照片去色可按 Shift＋Ctrl＋U 键。

3．选择菜单栏中的【视图(V)】|【显示(H)】|【网格(G)】选项，在文档中显示网格，在默认状态下网格的显示都比较密集，需要将网格线的间距扩宽。

图 2-2 将图片修改为黑白图片

4. 在菜单栏中点选【编辑(E)】|【首选项(N)】|【参考线、网格和切片(S)】选项（图 2-3），会弹出“首选项”对话框。在对话框中将“网格线间隔”设置为260像素，“子网格”设置为1，如图 2-4 所示。

5. 单击【确定】按钮，观察，文档中的网格线已经平均地分布在图像上了。

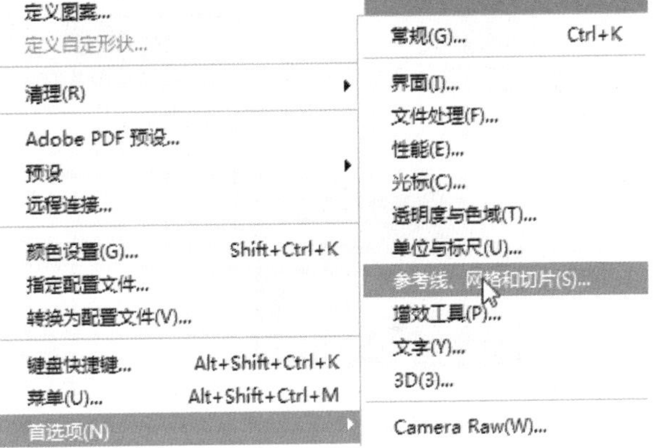

图 2-3 设置网格

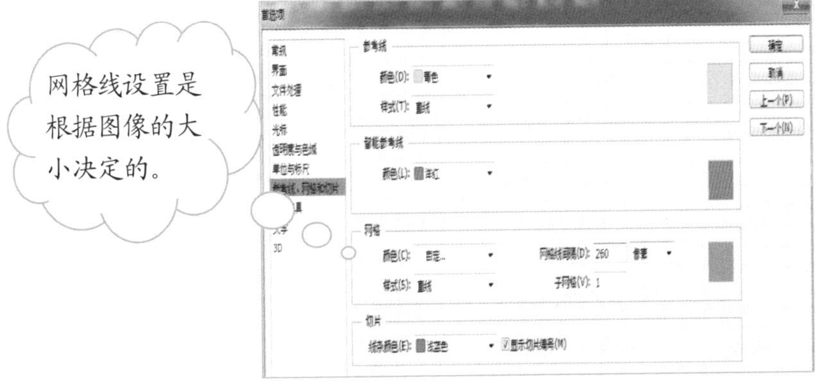

图 2-4 “首选项”对话框，设置网格

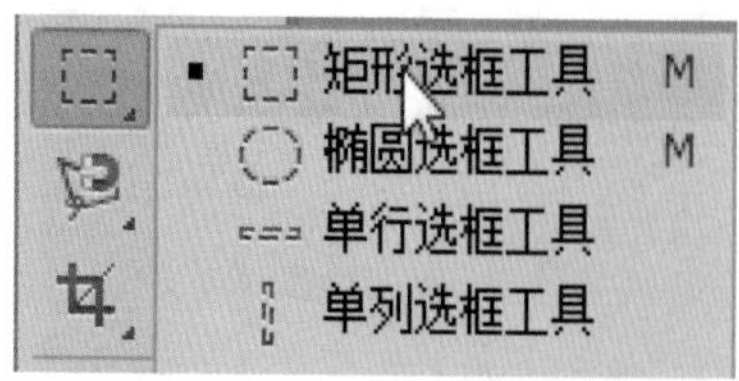

图 2-5 【矩形选框工具】

6. 点击工具栏中的【矩形选框工具】选项（图 2-5），在左上角的垂直方向的第一个网格上绘制一个矩形选区，保持选区不变，打开【通道】面板。在按住Ctrl键的同时用鼠标单击该面板下侧的【创建新通道】按钮，会弹出“新建专色通道”对话框。在对话框中单击“颜色”复选框，弹出“拾色器”对话框。在此对话框中，你可以任意挑选专色通道的“颜色”，并可对“密度(S)”值进行设置。操作过程如图 2-6 所示。

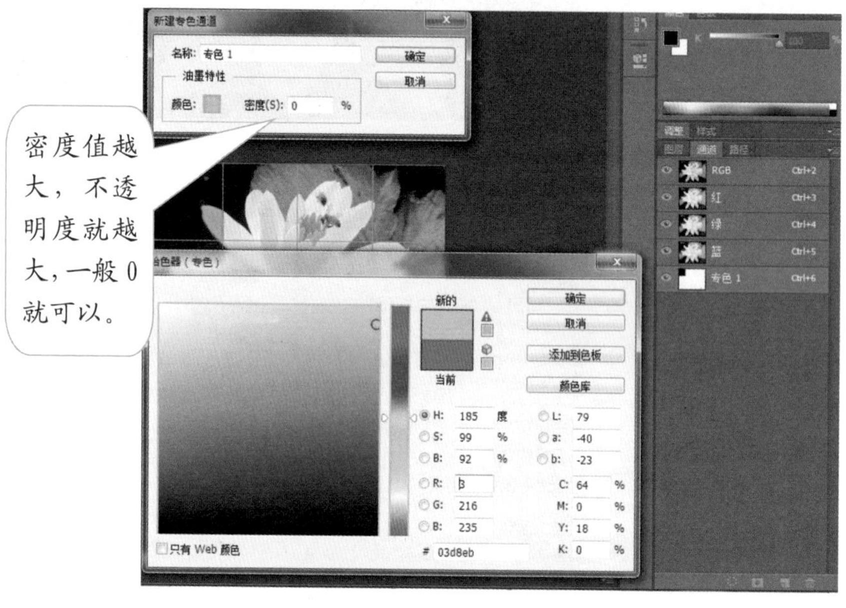

图 2-6 利用拾色器分区域添加颜色

7. 单击【确定】按钮，观察专色通道的效果。

8. 使用【矩形选框工具】，在第二个网格上绘制一个矩形选区，重复步骤6中的操作，打开“新建专色通道”对话框，选择通道颜色。

9. 创建好第二个专色通道后，利用相同的原理在其他的几个网格间绘制矩形选区，并为这几个矩形选区建立不同颜色的专色通道。

10. 点击【通道】面板右上角的小三角，在下拉列表中选择【合并专色通道】命令，将所有通道一一合并。

11. 回到【图层】面板，选择菜单栏中【视图(V)】|【显示(H)】|【网格(G)】命令，隐藏网格线，预览最后的效果，如图 2-7 所示。

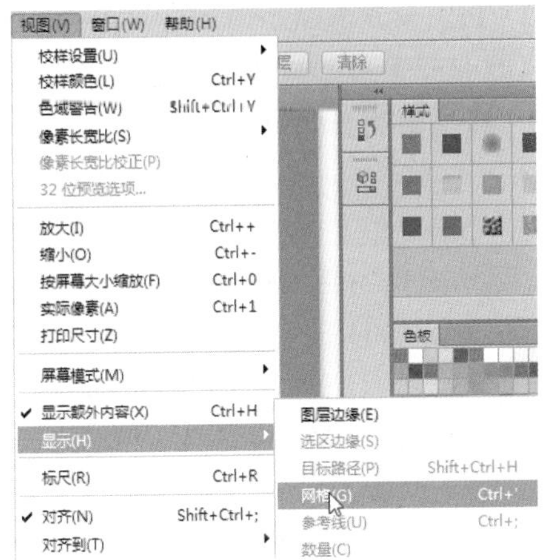

图 2-7　修改后照片具有强烈的视觉效果

我们用同样的方法对网格线间距进行不同的调节，选择色彩相近的颜色可以制作出渐变色的艺术效果，图 2-8 所示就是设置三个邻近颜色的专色通道的效果图。如果你已经对制作多彩照片产生了兴趣，那么不妨拿出一张图片发挥自己的想象力去试一试。

图 2-8　设置三个邻近颜色的专色通道的效果图

提示

专色通道是可以保留专色信息的通道。它具有 Alpha 通道的一切特点，即可以保存选区信息、透明度信息等。要想将图片修整得更具有艺术性，首先要对颜色的选择、搭配具有敏锐的洞察力。

黑白世界，一枝独秀

在黑白照片中保留局部彩色效果，往往会起到突出主题的作用，这种方法很适合某些需要突出气氛和情调的照片。在过去用胶片拍照的时候，要想实现这样的效果是很麻烦的，如今我们在 Photoshop 中只需几步简单的操作就可以轻松做到。图 2-9 就是一张在黑白照片中保留了一枝彩色花朵的效果图片。

图 2-9　一枝独秀

具体操作步骤如下：

1．选择【文件(F)】|【打开(O)】命令，选择要修饰的图片并将其打开，实例中选中图 2-9 所示的图片。

2．执行【图像(I)】|【调整(J)】|【去色(D)】命令，将图片颜色完全去掉。过程如图 2-10 所示。

提示　保留局部色彩效果是为了突出个体特性，不过在此之前要选择一张合适的照片作为素材。

3．选择【图像(I)】|【调整(J)】|【色阶(L)】选项，打开【色阶】面板，将输入色阶中的灰点滑块向左侧拉动，让图片看起来亮一些，弱化反差。调整好之后点击

图 2-10　去色

【确定】按钮退出，如图 2-11 所示。

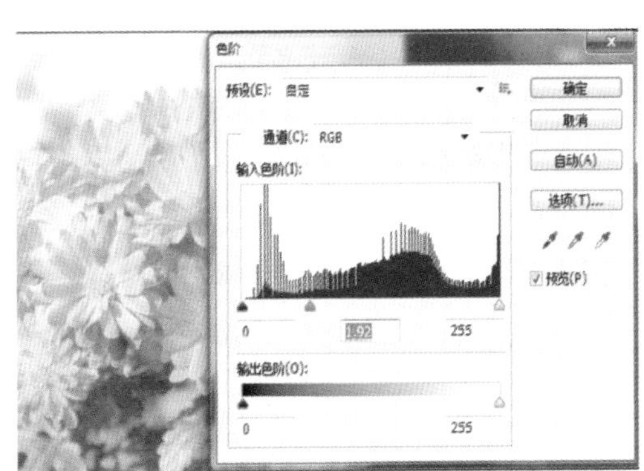

图 2-11　弱化反差

提示　色阶是反映亮度的信息，移动色阶的滑块就可以感受到它的变化。色阶最大值是 255，最小值是 0。

4．在工具栏中选中【橡皮工具】，在选项栏中勾选“抹到历史记录”一项；选择合适的画笔直径并设置其属性。用画笔在需要恢复色彩的位置上精心涂抹，这时

可以看到被画笔涂抹过的地方图像的色彩又恢复了，如图 2-12 所示。根据涂抹区域的不同要及时调整画笔的直径和属性。

图 2-12　精心涂抹出想要突出的部位

5．最终效果如图 2-9 所示，这幅图片经过上面的处理，人们的视线会一下子被吸引到色彩鲜艳的那朵花上，这样就达到了突出局部的目的。

提示　对局部细节的涂抹可以点选工具箱中的【缩放工具】，将要修饰的局部图像放大，以便于精确操作。

本节主要用【橡皮工具】来恢复原彩色的图像，此法操作比较简单，但不是很精确，如果需要恢复颜色的部位形状比较复杂，就要通过快速蒙版建立选区的办法进行处理。

多色花瓣，绚丽多彩

在拍摄完照片后，如果对照片中拍摄对象的颜色感到不满意，我们可以随意替换这些颜色。通过使用【替换颜色】命令，我们可以把一张普通的彩色照片制作成

奇特好看的艺术照。下面，我们就对一张花卉照片使用【套索工具】和【替换颜色】命令做变色处理，使其具有特殊的艺术效果。

具体操作步骤如下：

1．打开如图 2-13 所示的红花酢浆草的照片。这几朵花的花瓣都是粉红色的，如果想让每朵花具有不同颜色的花瓣，可通过颜色替换来实现。

图 2-13　颜色单一的花瓣

2．在工具箱中选择【套索工具】，然后，用鼠标在任意一片花瓣上建立选区，如图 2-14 所示。

图 2-14　选中任意一片花瓣

3．确定替换颜色的区域。选择【图像(I)】|【调整(J)】|【替换颜色(R)】命令，打开【替换颜色】面板。把鼠标放在图像中变成吸管，在需要替换颜色的粉红色花瓣上点击鼠标，这时会看到预览窗口中粉红色花瓣位置呈现白色，从这里可以清楚

地看到将要替换颜色的区域。在面板中选择【添加到取样】吸管按钮，点击花瓣的深色部分，这些颜色也被添加到替换颜色的区域中来。拖动上面的“颜色容差(F)”滑块，让需要替换的部分变为白色，不需要替换的部分变为黑色，如图 2-15 所示。

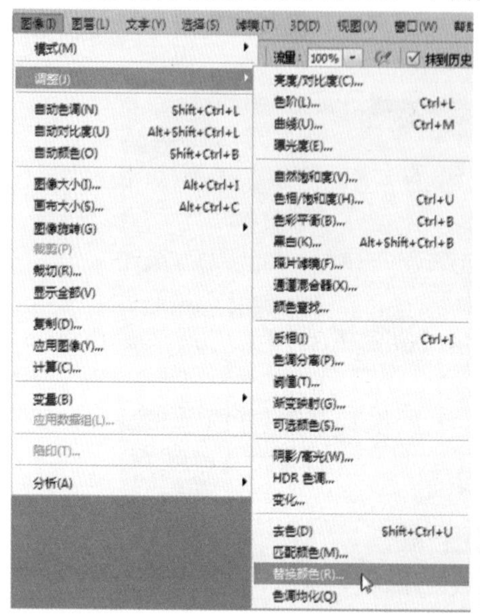

拖动“颜色容差(F)”滑块。

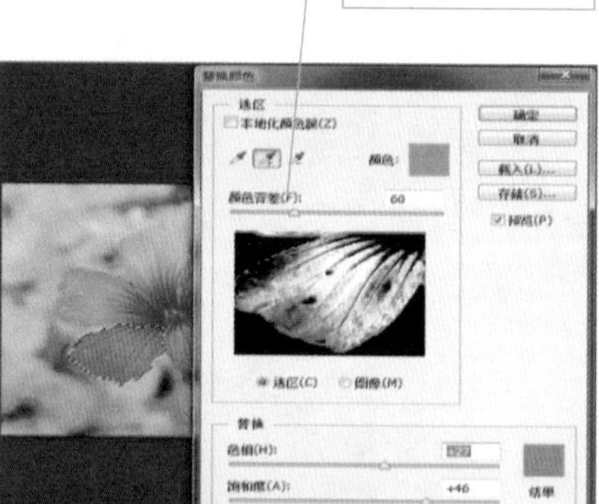

图 2-15　替换颜色

4．在图 2-15 面板中的“替换”区域里分别调整“色相”“饱和度”和“明度”三个参数的值，调出所需要的颜色之后，可以看到粉红色的花瓣替换了颜色。如果对替换的区域不满意，可以继续调整“颜色容差(F)”的滑块位置。最后，点击【确定】按钮保存退出。

图 2-16　缤纷多彩的多色花瓣

如果不熟悉通过调节“色相”等值来得到所要变换的颜色，可以点击【结果】面板，在“颜色取样”对话框中选择要变换的颜色亦可。

5．重复步骤 2～4，替换其他花瓣的颜色。最终效果如图 2-16 所示。

提示 在替换颜色预览窗口中，白色部分是将要被替换颜色的区域，黑色部分是不会被替换颜色的区域，而灰色部分是会被部分替换颜色的区域。

视觉冲击，摆脱僵硬

动感镜头效果经常用来表现运动中的人或物。在拍摄过程中，我们采用动感镜头的方法拍摄运动的物体，虚化了背景，衬托了动感的主体。这样会带来视觉冲击的效果，也极具表现力。

这一节，我们就以一张静止物体的照片为例，通过羽化、快速蒙版、椭圆选框和动感模糊滤镜等工具将其制作成为具有运动效果的图片。

具体操作步骤如下：

1．单击菜单栏中的【文件(F)】|【打开(O)】按钮，在“打开”窗口中选择图 2-17 所示的赛车照片。

图 2-17 静止的汽车

2．在工具箱中点击【以快速蒙版模式编辑】按钮，进入蒙版编辑状态，如图 2-18 所示。

3．点击工具栏中的【画笔工具】并设置其属性，将“硬度”值设为 100%，其

他值按默认设置。描绘出汽车的轮廓，并根据实际需要改变画笔直径的大小。

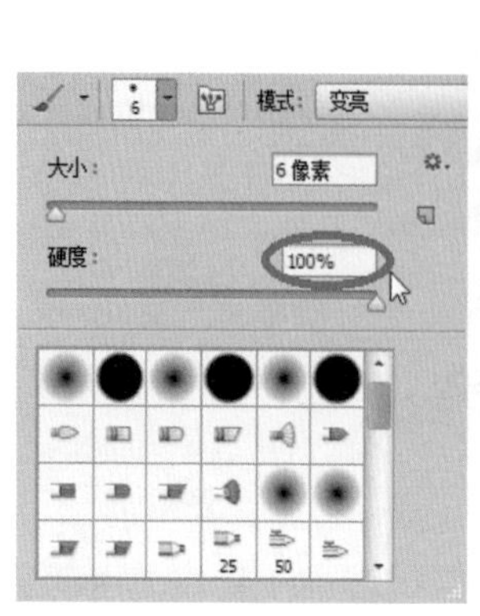

图 2-18　蒙版编辑状态描绘汽车的轮廓

4．点击工具栏中的【以标准模式编辑】按钮（即前面的【以快速蒙版模式编辑】按钮，此按钮可在两种模式间切换），进入标准模式编辑状态，执行【选择(S)】|【反向(I)】命令，反向选择。

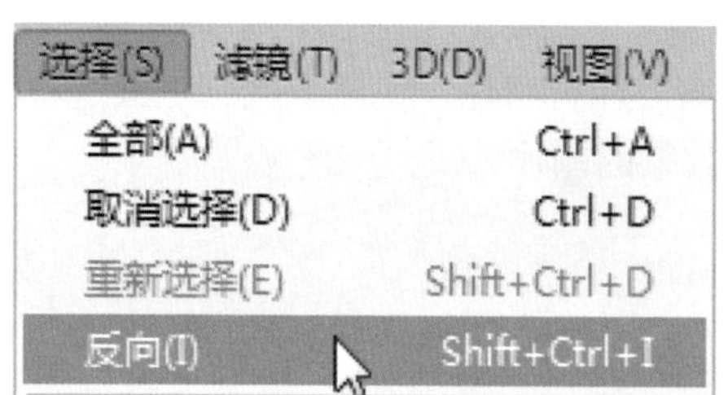

5．选择【图层(L)】|【新建(N)】|【通过拷贝的图层】选项，将选区内容复制到新建图层，此时【图层】面板会新加一个图层。

上述操作过程如图 2-19 所示。

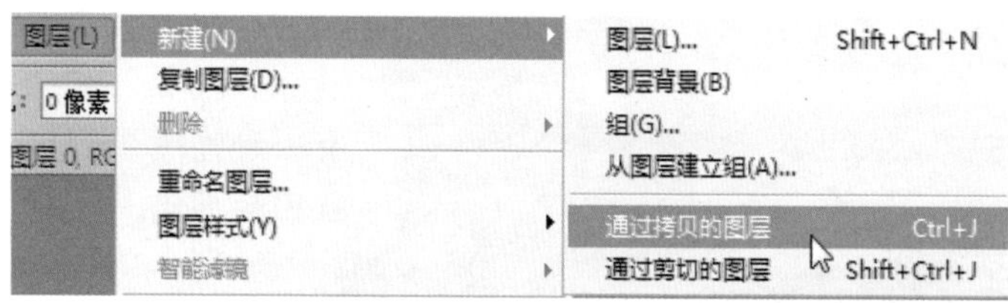

图 2-19　反向和新建图层

6．使背景图层为当前图层，执行【滤镜(T)】|【模糊】|【动感模糊】命令，弹出“动感模糊”设置对话框。然后在此框中将“角度(A)”值设为−3，“距离(D)”值设为 62 像素，如图 2-20 所示。单击【确定】按钮保存效果。

提示　在蒙版编辑状态下，使用【画笔工具】描绘的轮廓为半透明的红色。

7．点击新建图层使其为当前图层。选择工具栏中的【椭圆选框工具】(右击【矩

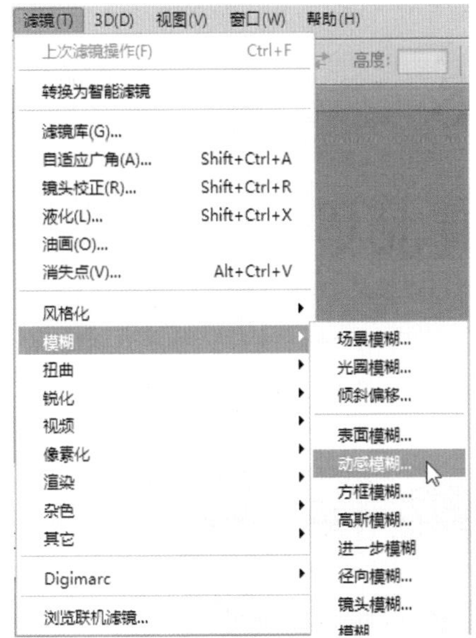

通过预览来调整合适的角度和距离。

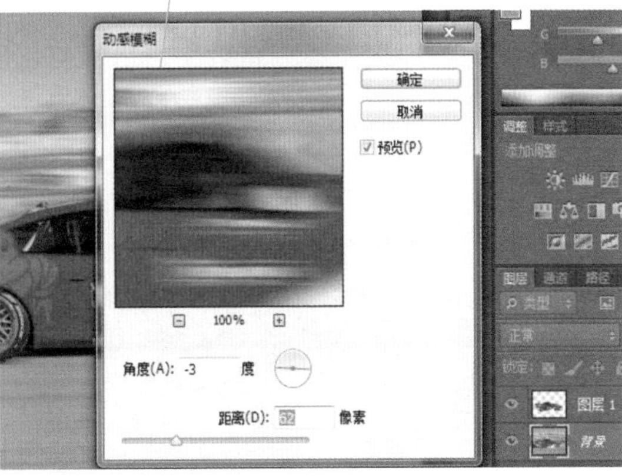

图 2-20 动感模糊的设置

形选框工具】可选择)，右击选择羽化，在其属性中将“羽化半径(R)”值设为 55 像素。执行【滤镜(T)】|【模糊】|【动感模糊】命令，设置“角度(A)”值为-3，“距离(D)”值为 71。操作过程及最终得到的风驰电掣的汽车如图 2-21 所示。

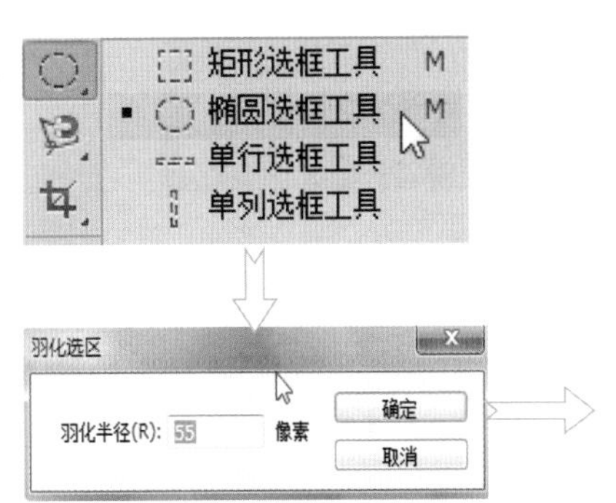

图 2-21 风驰电掣的汽车

提示

滤镜是 Photoshop 的重要功能之一，使用滤镜可以很容易创作出非常专业的效果。将选区轮廓羽化是为了将选区的边缘制作出朦胧的效果。羽化值越大朦胧的范围越宽，反之则越窄。

日景夜景，挑战时光

将白天的照片制作成夜景效果，这种修饰手法在没有电脑及图像处理软件的时代是难以想象的。本节我们就来学习如何通过 Photoshop 中的【色相/饱和度】【亮度/对比度】等命令来完成黑夜的效果，再通过调整图层混合模式来制作黑暗中的亮光区域。最后，使用【橡皮擦工具】进行涂抹来达到想要的效果。图 2-22 所示即为初始图片与最终效果图片的对比。

图 2-22 白天和夜幕下的城堡

具体操作步骤如下：

1．点击菜单栏中的【文件(F)】|【打开(O)】按钮，打开目标照片（图 2-22）。

2．点击菜单栏中的【图层(L)】|【复制图层(D)】，并将新复制的背景副本设为不可视。

3．选中背景图层为当前层，执行【图像(I)】|【调整(J)】|【色相/饱和度(H)】命令，弹出如图 2-23 所示的对话框。在该对话框中勾选“着色(O)”选项，设置“色相(H)”值为 247，“饱和度(A)”值为 100，“明度(I)”值为–56，单击【确定】按钮。

提示 在“色相/饱和度”对话框中勾选“着色(O)”选项可以设置单色调的效果。

勾选“着色(O)”选项可以设置单色调的效果。

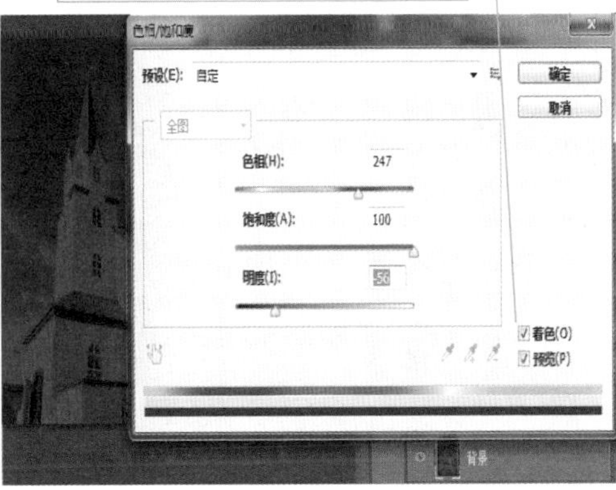

图 2-23　调整“色相/饱和度”

4．执行菜单栏中的【图像(I)】|【调整(J)】|【亮度/对比度(C)】命令，在弹出的对话框中设置“亮度(B)”为−41，“对比度(C)”为−15，单击【确定】按钮保存设置。

5．选中【图层】面板中的背景副本，点击该图层前的眼睛标志，将其还原成可视状态，选择菜单栏中的【图像(I)】|【调整(J)】|【反相(I)】命令或者按 Ctrl + I 快捷键，执行反相命令，效果如图 2-24 所示。

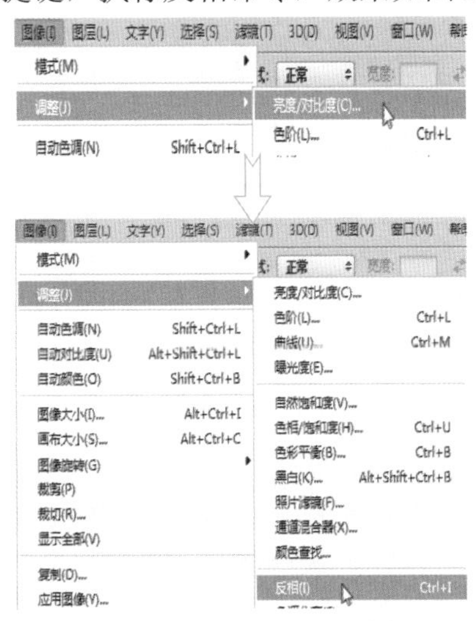

图 2-24　在背景副本层执行反相命令

6．将背景层前的眼睛标志点掉，使该层不可见。然后点击背景副本层，选中工具栏中的【橡皮擦工具】，设置不透明度为 100%，并根据实际情况调整笔刷大小，将图中除窗户与门以外的所有物体全部擦除，效果如图 2-25 左图所示。

图 2-25　将除窗户与门以外的所有物体全部擦除及加亮操作

7．将背景层前的眼睛标志点亮，在【图层】面板的下拉菜单中，将图层的混合模式改为“变亮”，最终效果如图 2-20 中右图所示。

8．最后，选中菜单栏中的【文件(F)】|【存储为(A)】选项，将修饰效果图保存起来。

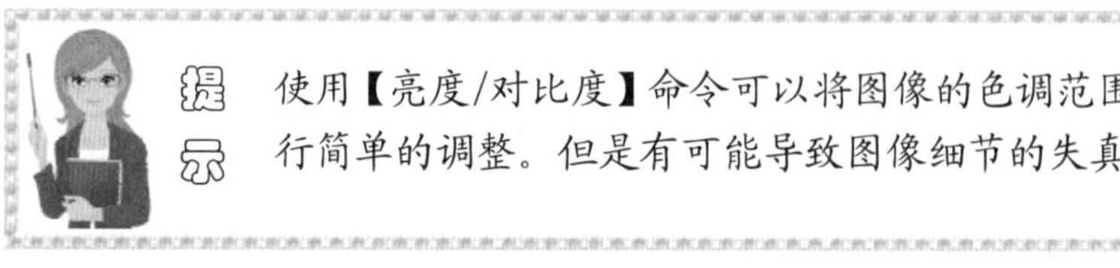

装饰达人，神来之笔

因为用电脑作为图像的后期加工与制作的手段能产生出惊人的效果，所以它不仅成为广告设计师的热门手法，而且也被越来越多的摄影师们所接受和采纳。本节中我们将通过具体实例介绍几种常用、典型的照片后期处理的方法和技巧，以达到艺术加工的效果。

一、模糊背景效果

模糊背景修饰效果主要用来突出要表现的主体。操作步骤如下：

1．在工具箱中选中【套索工具】，在照片的主体和下边需要保留的部分建立一个较大的选区，如图 2-26 所示。按住 Ctrl+J 键，将选区复制成新图层，指定背景层（图层 0）为当前层。

图 2-26　选择需要突出的主体

2．选择【滤镜(T)】|【模糊】|【高斯模糊】命令，打开“高斯模糊”对话框，如图 2-27 所示。将“半径”滑块拖动到合适位置，在预览窗口可以直接看到模糊效果窗口，满意后单击【确定】按钮。

图 2-27　高斯模糊

3．在【图层】面板中指定上边的图层为当前图层。按住 Ctrl 键，用鼠标单击当前图层以载入当前层上图像的选区。在【图层】面板下边用鼠标单击【添加图层蒙

版】图标，进入蒙版编辑状态，如图 2-28 所示。在工具箱中选用【画笔工具】，将前景色设为黑色，不透明度设为 100%，并设置笔刷直径大小等其他属性。然后，用画笔在照片主体的外围涂抹，这时可以看到当前层上原本清晰的图像被遮挡掉了，露出了下一层已经做了模糊处理的背景图像。

在蒙版的修饰过程中，如果有哪里涂坏了或是不满意，可以换用白色笔刷重新修回来。

图 2-28　精修主体和背景的交界区域

图 2-29　虚化背景突出主体

4. 接下来修饰路面和士兵周围的物体，这些物体应该在镜头景深之外，要比主体模糊但又比背景清晰。重新设置笔刷属性，将不透明度设为 50%，精心在这些区域内涂抹，直至得到满意的效果。

5. 最终效果如图 2-29 所示，主体十分清晰，背景被虚化了，显得不那么杂乱。

提示

经过模糊背景的效果处理，整张照片显得层次清晰，主体突出。如果想追求更完美的效果，可将第 4 步涂抹过程中的不透明度从 100% 逐步调整到 30%，使虚化痕迹更不明显。

二、卷边效果

卷边效果也是我们常见的一种装饰效果，有许多图像处理软件都有专门的处理命令，Photoshop 也可以通过 KPT 外挂滤镜实现。在此，我们想利用【路径工具】来制作这种效果，以达到熟悉操作功能和掌握技巧的目的。具体制作过程如下：

1．打开需要制作的图像。

2．在工具箱中选用【多边形套索工具】，在需要制作卷边的右下角选定区域，如图 2-30 所示，所确定的选区以蚂蚁线形式出现。

图 2-30　选择需要卷边的区域

3．调出【路径】面板，先点击该面板下方的【创建新路径】图标，为该图创建一个新的路径，如图 2-31 所示。然后再点击该面板下方的【从选区生成工作路径】图标，这时选区就变成了矢量路径。

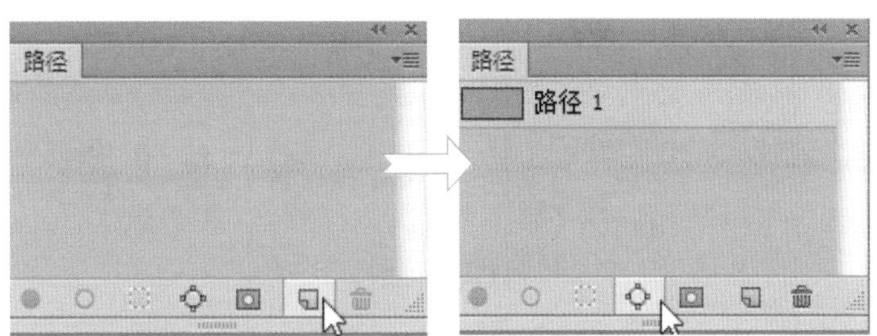

图 2-31　创建路径

4．在工具箱中选择【转换点工具】，点取图中的路径，则在所点选位置的路径上显示出控制点和控制柄。

5．按下 Ctrl 键的同时用鼠标拖动路径上的控制点或控制柄，改变位置，做成卷边的形状。以上操作如图 2-32 所示。

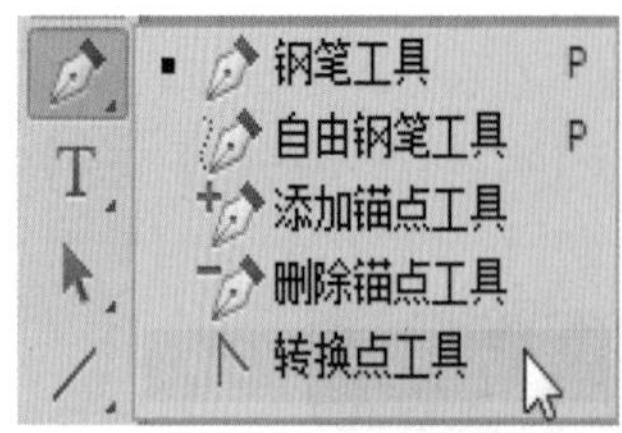

图 2-32　调整路径位置

6. 在【路径】面板的下方单击【将路径作为选区载入】按钮，将路径转换为选区，并在选区中进行下面的操作。

提示　虽然这种选区图形也可以直接用选定工具来制作，但对于更复杂的选区图形，【路径工具】的优势就显现出来了。

7. 在工具栏中选择【渐变工具】，点击色条打开它的编辑对话框以调节色标滑块，将线性渐变色编辑成图 2-33 所示的形式，作为卷边的填充效果。

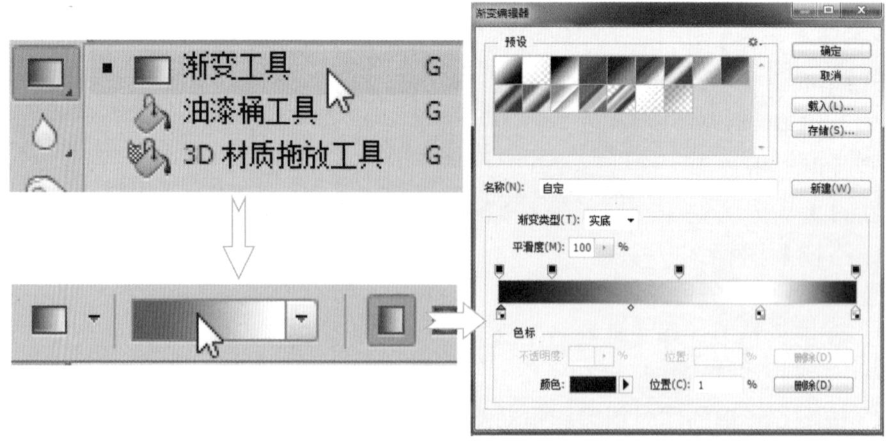

图 2-33　线性渐变设置

8．在选择区域中，使用【渐变工具】按照卷边的效果拖动鼠标，用渐变色填充该区域，便得到卷边的初步效果。

9．在工具箱中再次选中【多边形套索工具】，圈定图片卷边下面的三角区域，选中后将其填充为白色。

10．为了使卷边的效果更加逼真，可利用图层和屏蔽技术，将卷起被遮挡处的颜色适当减弱，产生光的透视感。最终结果如图 2-34 所示。

图 2-34　卷边效果

提示　利用图层、屏蔽和变形等技术可以制作出卷起的部分。

三、邮票效果

邮票效果是比较有趣的一种装饰效果，它是将一幅图像的边缘制作成邮票齿孔的样子。具体制作过程如下：

1．打开需要制作的图像，然后在工具箱中选用【矩形选框工具】将整个图像选定。

2．单击【路径】面板中的【从选区生成工作路径】按钮，将当前选区转换为路径，如图 2-35 所示。

3．设置前景色为白色，在工具栏中选择【画笔工具】，单击其属性栏中的【画笔设置】按钮，弹出“画笔”设置对话框，将画笔“大小”设置为 18 像素，“硬度”设置为 100%，“间距”设置为 200%，如图 2-36 所示。

图 2-35　从选区生成工作路径

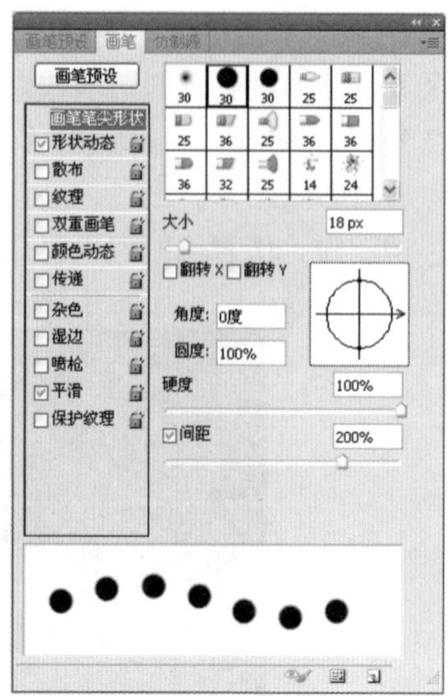

图 2-36　设置画笔

4．单击【路径】面板中的【用画笔描边路径】按钮，如图 2-37 所示。

图 2-37　画笔设置和描边路径

提示

如果工作区中没有【路径】面板，那么可以点击菜单栏中的【窗口(W)】|【路径】选项，即可显示该面板。

5. 点击【图层】面板，新建一个图层，执行菜单栏中的【图像(I)】|【画布大小(S)】命令，弹出“画布大小”对话框，将新画布宽度和高度值在图像原有尺寸的基础上各加 50 像素，即设置画布“宽度(W)”为 691 像素，“高度(H)”为 561 像素，如图 2-38 所示。设置好后单击【确定】按钮。

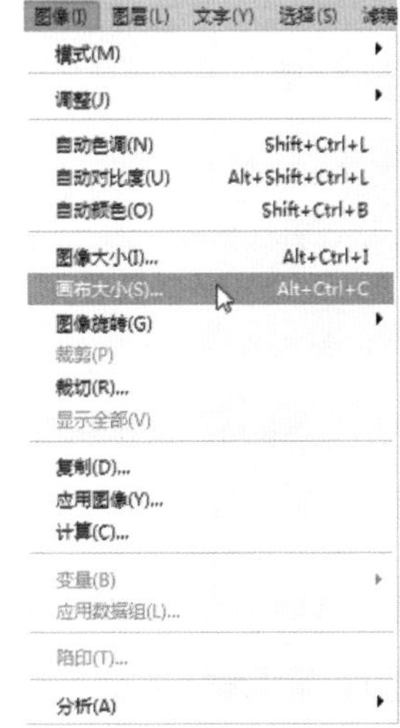

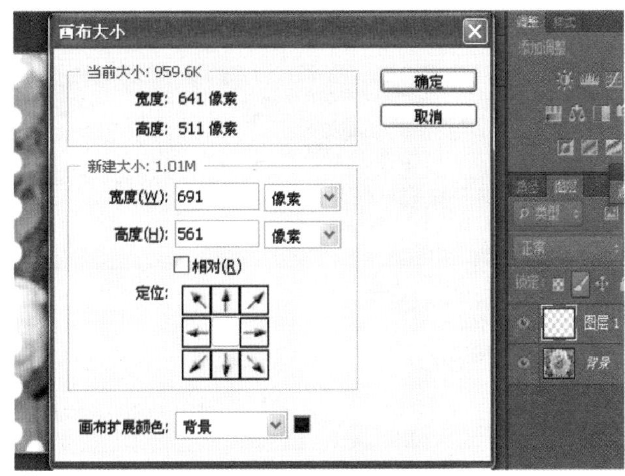

图 2-38　画布大小设置

提示　改变画布大小就是根据具体需要对图像进行裁剪或增加空白区域。

6. 回到【路径】面板，将“工作路径”删除。

7. 现在，邮票效果基本已经做好了，接下来就是进一步装饰。在工具栏中选中【文字工具】，如图 2-39 所示，在其属性栏中设置“字体”为 Arial Black，“字号”为 30 点，“消除锯齿方法”为平滑，“颜色”为白色。在图层上方

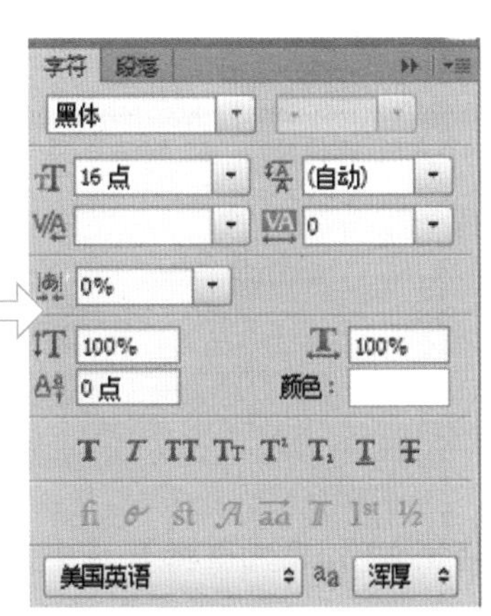

图 2-39　文字工具

单击输入数字“80”，然后用【移动工具】调整数字的位置。

8．用同样的方法，选中【文字工具】，设置“字体”为黑体，“字号”为16点，“消除锯齿方法”为浑厚，“颜色”为白色，在图层上方单击输入文字“分”，接着在工具栏中用【移动工具】调整文字的位置。

9．然后在图片左下角输入“花卉邮政”，并设置其字体属性。

10．最后的效果如图2-40所示，将其保存为JPEG图像格式。

图2-40　邮票效果

提示　如果想得到更完美的邮票图像效果，可以对图像的图层效果做进一步的设置。

色彩效果，大显身手

通过调整画面色彩的方式来改变图像的色调，是使用Photoshop修饰照片的一种常见方法，往往会得到意想不到的修饰效果。所谓改变图像的色调，就是像图2-41所示的那样，将黑色变为紫色等改变颜色的操作。在这种操作中，【色相/饱和度】

或者【照片滤镜】是使用得较多的改变色调的工具。

一、色相调节效果

1．点击【文件(F)】|【打开(O)】命令，打开目标照片，如图 2-41 左图所示。

图 2-41 色相调节效果

2．单击工具箱中的【快速选择】按钮，选择头发，选择【图像(I)】|【调整(J)】|【照片滤镜(F)】选项，如图 2-42 所示。

3．照片滤镜的设置如图 2-43 所示，根据实际显示效果调节照片滤镜的浓度。最后单击【确定】按钮。最终效果如图 2-41 右图所示。

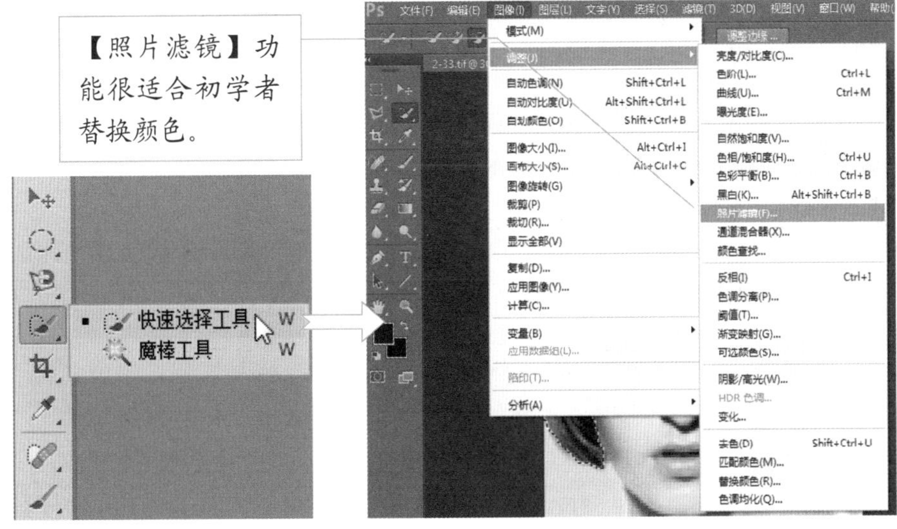

图 2-42 选择头发后再选择照片滤镜

图 2-43　照片滤镜设置

【快速选择工具】选区会向外扩展并自动查找和跟随图像中定义的边缘，快速地“绘制”出选区。【魔棒工具】主要用于选区图像中颜色相近或大面积单色区域的图像。

二、发光效果

发光效果也是常用的一种装饰效果，主要利用了【图层】和【羽化】的功能和特点。如图 2-44 左图所示的这幅图片，我们为了使平淡的画面出彩，可以让图中的自由女神像产生一种发光的效果，突出主体，效果如图 2-44 右图所示。制作过程如下：

1．打开需要制作的图像，如图 2-44 左图所示。

2．在工具箱中选【多边形套索工具】或者【磁性套索工具】或者【快速选择工具】，将图中的自由女神像勾画并且选定。

【快速选择工具】适用于所选区域与其他区域的色彩有较大区别的情况，可达到快速选择所需区域的目的。

图 2-44 自由女神

3. 执行菜单栏中的【编辑(E)】|【拷贝(C)】命令，将该选区复制，然后选择【编辑(E)】|【粘贴(P)】命令，将该选区粘贴，并产生一个新的“图层 1”。执行【图层(L)】|【复制图层(D)】，建立“图层 1 副本”。

4. 指定“图层 1”为当前图层，按下 Ctrl 键的同时用鼠标单击该图层，然后，选中菜单栏中的【选择(S)】|【修改(M)】|【扩展(E)】命令，调出“扩展”对话框，如图 2-45 所示，设置【扩充量(E)】参数值为 3。

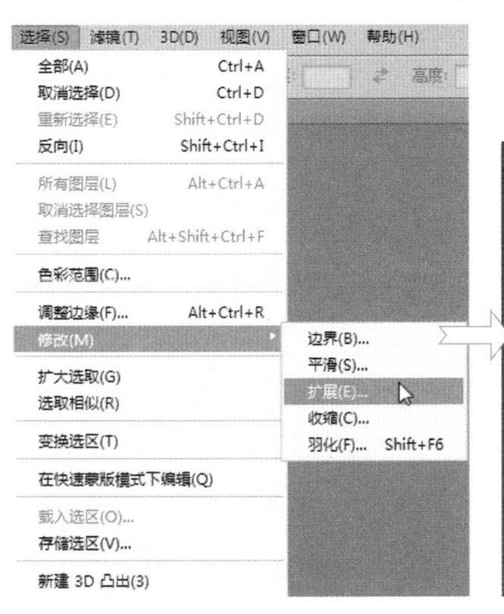

图 2-45 设置扩展量

5. 点击菜单栏中的【选择(S)】|【修改(M)】|【羽化(F)】命令，在其对话框中设置“羽化半径(R)”为 8。

6. 在工具栏中选择前景色为白色，然后按 Alt + Del 键填充，则得到发光效果。在键盘上按 Ctrl + D 键取消选区，得到最终效果如图 2-46 所示。

图 2-46　闪闪发光的自由女神

提示　发光程度和逼真程度是由羽化参数决定的，羽化半径越大，发光范围越大。而发光的颜色是由前景色决定的，可根据需要选择相应的前景色。

冲击效果，感官世界

Photoshop 中的滤镜是该软件的重要组成部分，它是制作特殊效果的一种重要工具。

所谓“滤镜”，是指一种特殊的软件处理模块，图像经过滤镜处理后可以产生奇幻的艺术效果。本节我们将通过一些典型的滤镜实例应用，来介绍 Photoshop 强大的滤镜功能和使用方法。

一、液化效果

液化效果通常用于扭曲图像，突出表现对象的特征部位。图像处理前后效果对

比如图 2-47 所示。

图 2-47　眼睛部位修饰前后比对

1．点击菜单栏中的【文件(F)】|【打开(O)】选项，打开指定的图片，如图 2-47 左图所示。

2．选择菜单栏中的【滤镜(T)】|【液化(L)】命令，如图 2-48 所示，弹出“液化”对话框。

3．选择该界面左端的【缩放工具】，将待处理图片的局部放大，以便操作，在本例中即眼睛周边。

4．然后选择【膨胀工具(B)】并设置其属性，如图 2-49 所示。

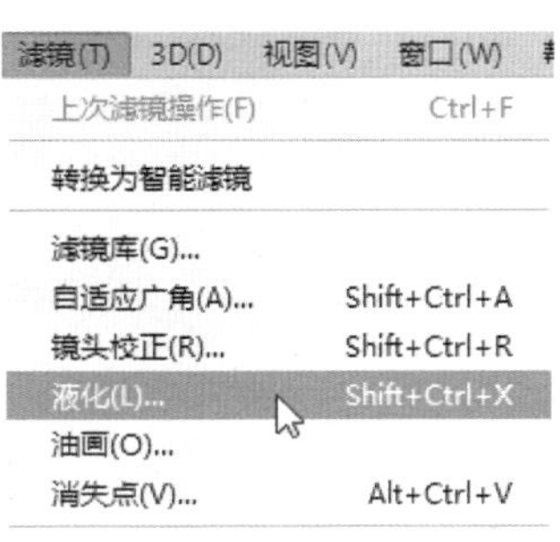

图 2-48 【液化】命令

图 2-49　设置【膨胀工具】的属性

具体设置是将“画笔大小”调整为25，“画笔密度”值设为80，“画笔压力”设为100，“画笔速率”设为80，其他属性均为默认值。

提示 在步骤5中，如果不满意，可以点击“液化”对话框中的【重建】工具按钮，就可以返回到上一步操作中。

图2-50 点击要膨胀的部位

5．用鼠标左键点击图片要膨胀的部位，如图2-50所示，满意后按【确定】按钮进行保存。【膨胀】滤镜可以使图像产生向外膨胀放大的效果，适合放大局部或者凸显目标，运用巧妙可具有哈哈镜效果。最终效果如图2-47右图所示。

二、爆炸效果

爆炸效果能给人以强烈的视觉冲击，是拍摄体育比赛精彩瞬间常见的表现方法。但拍摄这种照片需要很高的拍摄技术和很好的相机，直接用普通数码相机很难完成。为了强化照片的表现力，可以在后期处理中模拟变焦镜头来得到爆炸效果。

1．点击菜单栏中的【文件(F)】|【打开(O)】选项，打开指定的图片。

2．在工具箱中选中【套索工具】，然后在照片的主要人物周围建立大致的选区，如图2-51所示。

图2-51 选取人物

3. 选择菜单栏中的【图层(L)】|【新建(N)】|【通过拷贝的图层(C)】选项，将选区内的图片复制成一个新的图层，如图 2-52 所示。

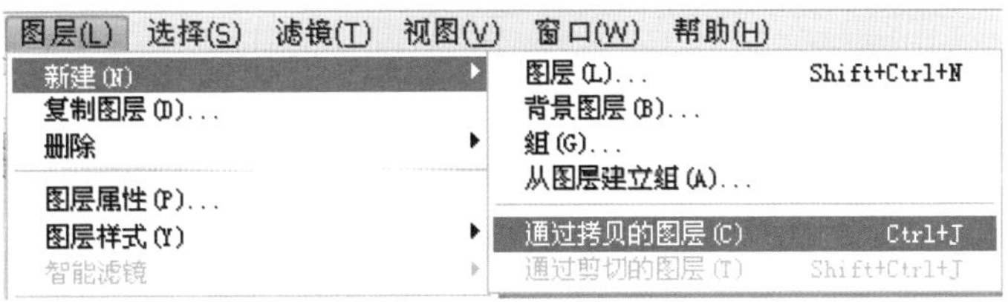

图 2-52 建立选区

4. 用鼠标在【图层】面板上单击【添加图层蒙版】图标，为这一图层建立图层蒙版。在工具箱中选【画笔工具】，将前景色设为黑色。在选项栏中选定合适的笔刷直径，并将“不透明度(O)”调为 100%。然后，用画笔精心地在人物选区涂抹多余的部分。必要时降低透明度，改变笔刷直径，在图像中人物的手臂等边缘处进行细致的涂抹，勾画出的人物效果如图 2-53 所示。

提示 用来制作爆炸效果的原图片中要有较丰富的内容和色彩，应尽量避免使用大面积单色背景。

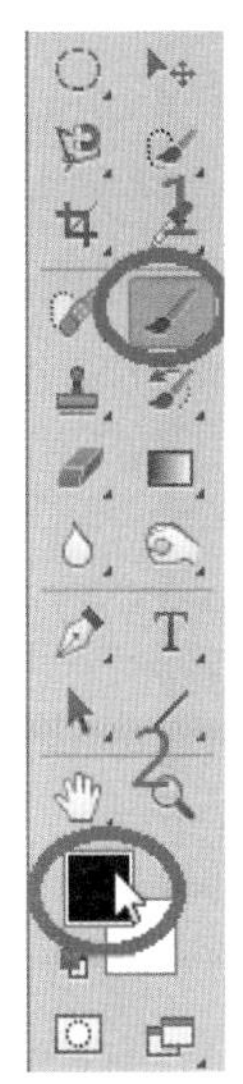

图 2-53 勾画人物

5. 选中背景图层为当前图层，选择菜单栏中的【滤镜(T)】|【模糊】|【径向模糊】命令，打开“径向模糊”对话框，将“模糊方法”设定为“缩放(Z)”，“数量(A)”调节为 100，如图 2-54 所示。然后，用鼠标对模糊的中心进行调整，大致调整为相当于人物中心的位置，满意后点击【确定】按钮。最后效果如图 2-55 所示。

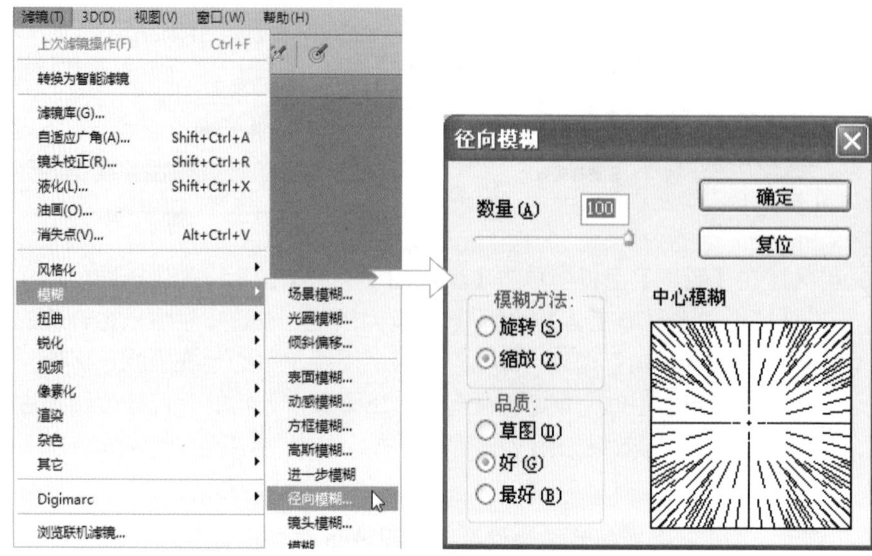

图 2-54 径向模糊

图 2-55 最终爆炸效果

制作爆炸效果的素材不一定是动态的照片，只要选择合适，静态景物通过这样的处理也可以产生强烈的视觉效果。

三、绘画效果

Photoshop 软件用普通照片可以轻而易举地制作出各种绘画效果的图像，比如水彩画效果、木刻画效果、水粉画效果、壁画效果，等等。这些效果主要通过【艺术效果】和【杂色】等滤镜完成。下面，我们就以制作水彩画效果为例，来介绍使用

Photoshop 制作绘画效果的方法，其他效果制作方法与其类似，读者可自行尝试。

1．点击菜单栏中的【文件(F)】|【打开(O)】选项，打开指定的图片，如图 2-56 左图所示。

图 2-56 水彩画效果比较

2．执行菜单栏中的【滤镜(T)】|【杂色】|【蒙尘与划痕】命令，弹出“蒙尘与划痕”设置对话框，将“半径(R)”调整为 3 像素，“阈值(T)”设为 0，调整好后点击【确定】按钮，得到图 2-56 右图所示的效果。可以看到，滤镜效果使图片的整体画质和细节看上去都非常粗糙。

3．选择菜单栏中的【滤镜(T)】|【滤镜库(G)】|【艺术效果】|【水彩】选项，弹出“水彩”对话框，如图 2-57 所示。设置“画笔细节(B)”为 14，“阴影强度(S)”为 0，“纹理(T)”为 1，点击【确定】按钮保存设置。

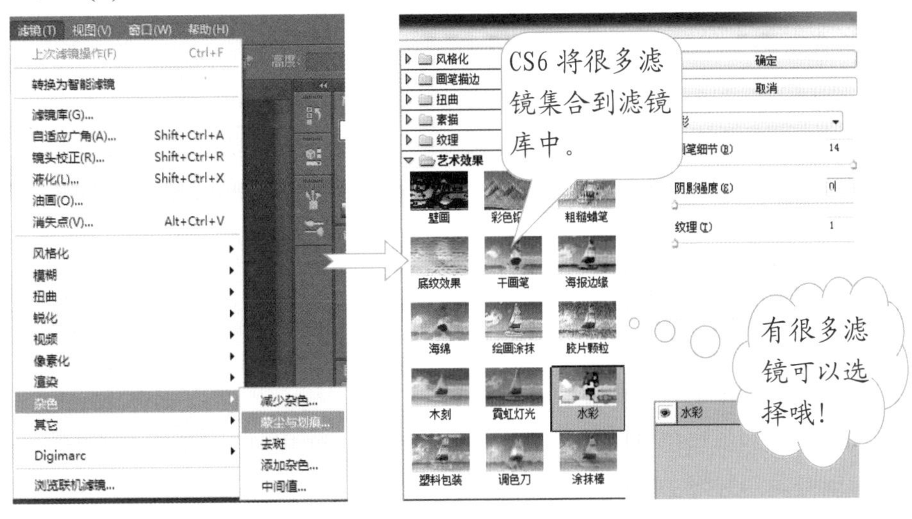

图 2-57 滤镜设置

4．单击菜单栏中的【滤镜(T)】|【滤镜库(G)】|【纹理】|【纹理化】选项，弹

出“纹理化”设置对话框。选择“纹理(T)”类型为“画布”，“缩放(S)”值设为 150%，“凸现(R)”设为 2，“光照(L)”选择“上”，勾选“反相(I)”选项。单击【确定】按钮，得到图 2-58 所示的水彩画效果。

纹理化处理的图片具有布纹的逼真效果。

图 2-58　具有水彩画效果的照片

通过以上例子可以看到，将一张普通的彩色照片制作成具有绘画效果的图像是非常容易的，只要使用相应的滤镜即可完成。不过，在制作这些效果时，首先应该对这些滤镜有所了解，包括参数的设置和功能，这样用起来才能够得心应手，运用自如。另外，由于在拍摄时受到光线、角度等限制，原始素材可能存在偏色、过暗或过亮等问题，所以在实施滤镜修饰前，应事先对照片进行明暗度与色彩的调整。

神奇滤镜，视觉盛宴

经过上一节的几个例子，想必大家对用滤镜处理照片已经有一定的心得了。然而 Photoshop CS6 还拥有多款外挂滤镜，这些滤镜功能强大，效果精彩，使我们在处理照片时如虎添翼。

这一节我们就通过几个实例的介绍来了解它们的使用方法，以达到触类旁通的目的。

一、水滴效果

在 Photoshop CS6 中以 Eye Candy 和 Alien Skin Xenofex 这两款滤镜最为著名，

如图 2-59 所示的融化效果就是用 EyeCandy 中的水滴滤镜操作来实现的。接下来我们就通过实例着重介绍这两款外挂滤镜的使用方法。首先我们来看看制作融化效果的步骤。

图 2-59 融化的冰激凌

1. 执行菜单栏中的【文件(F)】|【打开(O)】命令，打开图 2-60 所示的图片。

图 2-60 冰激凌原图

2. 在工具栏中选择【套索工具】，在选项栏中将其“羽化”值设为 0 像素，并勾选“消除锯齿”复选框。

提示

只有 Photoshop CS2 以后的版本才有外挂滤镜的选项，在此之前的版本没有外挂滤镜功能，需要自己下载相应的外挂滤镜进行安装。

3. 利用【套索工具】圈选冰激凌的周围边界，所选中区域以蚂蚁线形式显示出来，如图 2-61 所示。

图 2-61 圈选冰激凌边界

4. 选择菜单栏中的【图层(L)】|【新建(N)】|【通过拷贝的图层】选项，或按 Ctrl+J 键将选区内容复制到新建的图层，此时所选中的区域会以“图层 1”为名称出现在【图层】控制面板上。

5. 执行菜单栏中的【滤镜(T)】|【EyeCandy 4000 Demo】|【水滴(Demo)】命令，弹出如图 2-62 所示的“水滴”效果设置对话框。调整“宽度”值为 0.24 厘米，“最大长度”值为 2 厘米，“间距”值为 0.35 厘米，“锥度”值为 11，“滴下”值为 6；在“随机设置”框中键入数值 1186。调整好后点击【确定】按钮，即可得到如图 2-59 所示的最终效果。

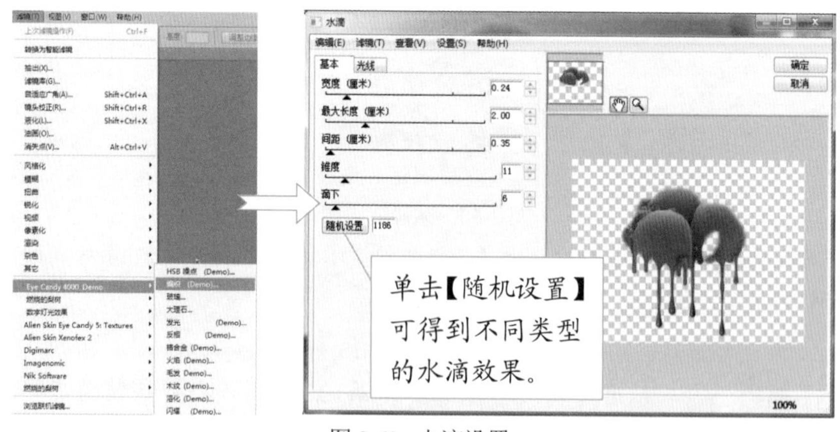

图 2-62 水滴设置

二、编织效果

接下来，我们来看看 EyeCandy 滤镜中的竹子编织效果。具体步骤如下：

1．执行菜单栏中的【文件(F)】|【打开(O)】选项或按 Ctrl+O 快捷键，弹出“打开”对话框，指定路径选择所要的图片文件，单击【打开】按钮，打开图片。

2．执行菜单栏中的【图层(L)】|【复制图层(D)】命令，弹出“复制图层”对话框，按照默认设置，单击【确定】按钮，复制背景图层。

3．执行菜单栏中的【滤镜(T)】|【EyeCandy 4000 Demo】|【编织(Demo)】命令，弹出如图 2-63 所示的“编织”对话框。设置“条带宽度”为 1.64 厘米，“缝隙宽度”为 0.44 厘米，“阴影”值为 65，“纹路细节”值为 23，“纹路长度”值为 0.30 厘米；在“缝隙填充”属性中选择“填充单一颜色”，并选择要填充的颜色，在本例中填充色选为黑色。设置完成后，按住 Alt 键的同时单击预览窗口，调整视图比例，观看设置的效果。

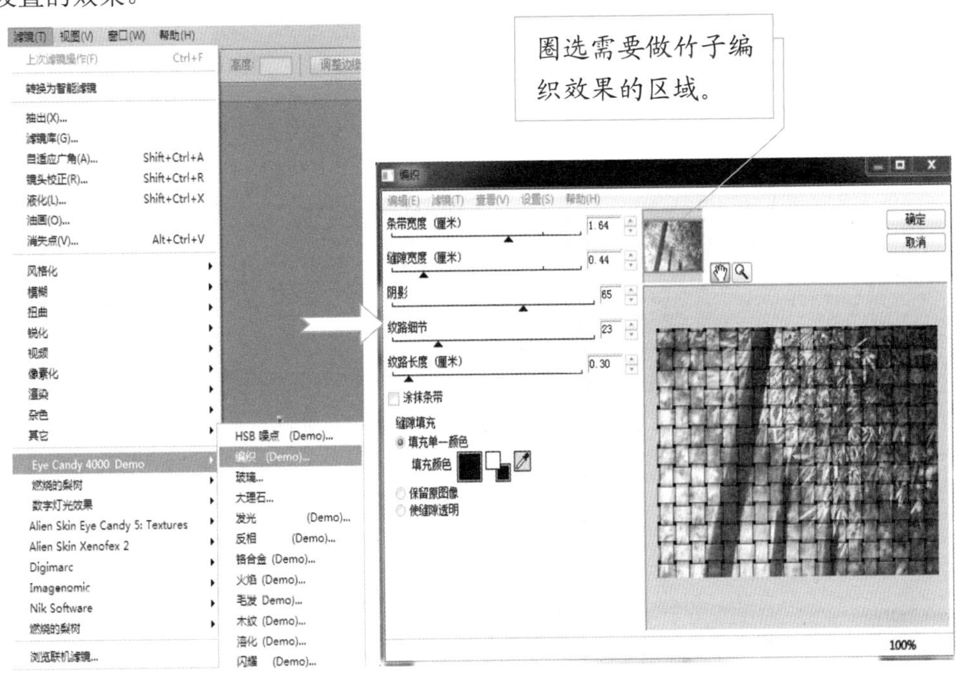

图 2-63 编织设置

4．满意后单击【确定】按钮，得到如图 2-64 所示的最终效果图。

5．最后点击【文件(F)】|【存储为(A)】选项，将做好的效果图片保存起来。

提示 编织效果的疏密程度由“条带宽度”和“缝隙宽度”决定，缝隙值越小，纹理则越稠密，反之则越稀疏。

竹子编织效果具有很强的装饰性，常用于制作装饰画。

图 2-64　竹子编织效果

三、水珠效果

下面我们再来看 Eye Candy 滤镜中经常用到的另外一个精彩特效——水珠效果。图 2-65 所示就是用该滤镜制作的效果图。具体操作步骤如下：

图 2-65　水珠效果

1．执行菜单栏中的【文件(F)】|【打开(O)】选项或按 Ctrl+O 快捷键，弹出“打开”对话框，指定路径选择所要的图片文件，单击【打开】按钮，打开图片。

2．执行菜单栏中的【图层(L)】|【复制图层(D)】命令，弹出“复制图层”对话框，按照默认设置，单击【确定】按钮，复制背景图层。

3．执行菜单栏中的【滤镜(T)】|【EyeCandy 4000 Demo】|【水迹(De-mo)】特效命令，弹出如图 2-66 所示的“水迹”设置对话框。勾选“圆形水滴”和“无缝平铺”选框；调节“水滴大小”为 0.48 厘米，设置“覆盖率”为 72%，“边缘变暗”为−41，“不透明性”为 4%，“着色”为 4%，“折射”为 8；在“随机设置”框中键入 1707。在预览窗口观看效

果，满意后单击【确定】按钮。

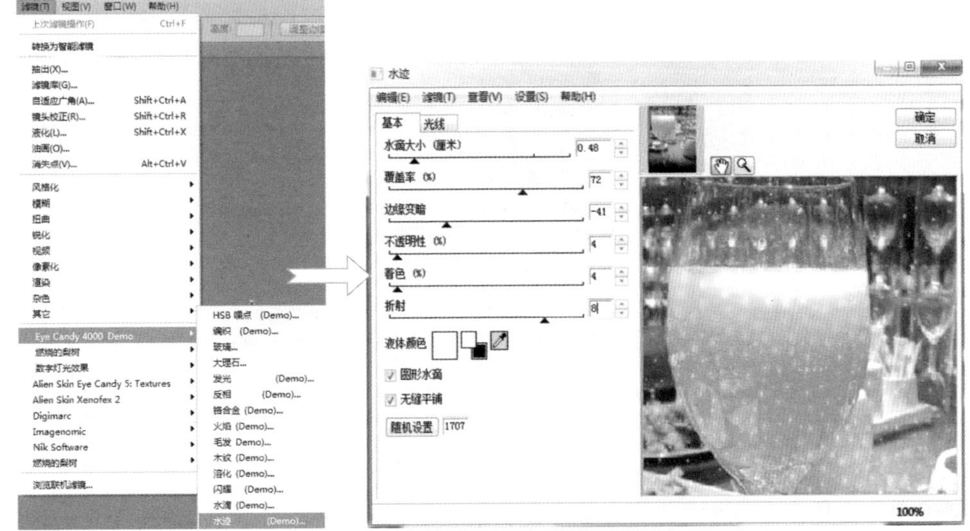

图 2-66　水珠效果设置

4．选择工具栏中的【橡皮擦工具】，将其属性中的“硬度”值设为 0%，根据实际需要改变“主直径”的大小。然后在杯子以外的地方进行涂抹，从而得到图 2-65 所示的最终效果。

提示

本例通过 EyeCandy 滤镜制作的水珠效果晶莹剔透，起到了非同一般的装饰效果。在“水迹”对话框中，可通过调整“光线”属性里的“最大亮度”和“高光亮度”值来控制水珠的晶莹程度。

其实，有关这些外挂滤镜中对图片的特效处理还有很多，感兴趣的朋友不妨试着多用一用。

四、闪电特效

最后，我们再来看一个用 Alien Skin Xenofex 2 滤镜制作的闪电特效。具体操作步骤如下：

1．执行菜单栏中的【文件(F)】|【打开(O)】选项或按 Ctrl+O 快捷键，弹出“打开”对话框，指定路径选择所要的图片文件，单击【打开】按钮，打开图片。

2．执行菜单栏中的【图层(L)】|【复制图层(D)】命令，弹出“复制图层”对话框，按照默认设置，单击【确定】按钮，复制背景图层。

3．再执行菜单栏中的【滤镜(T)】|【Alien Skin Xenofex 2】|【闪电】命令，如

图 2-67 所示，打开如图 2-68 所示的“闪电”设置对话框。

图 2-67　打开“闪电”滤镜

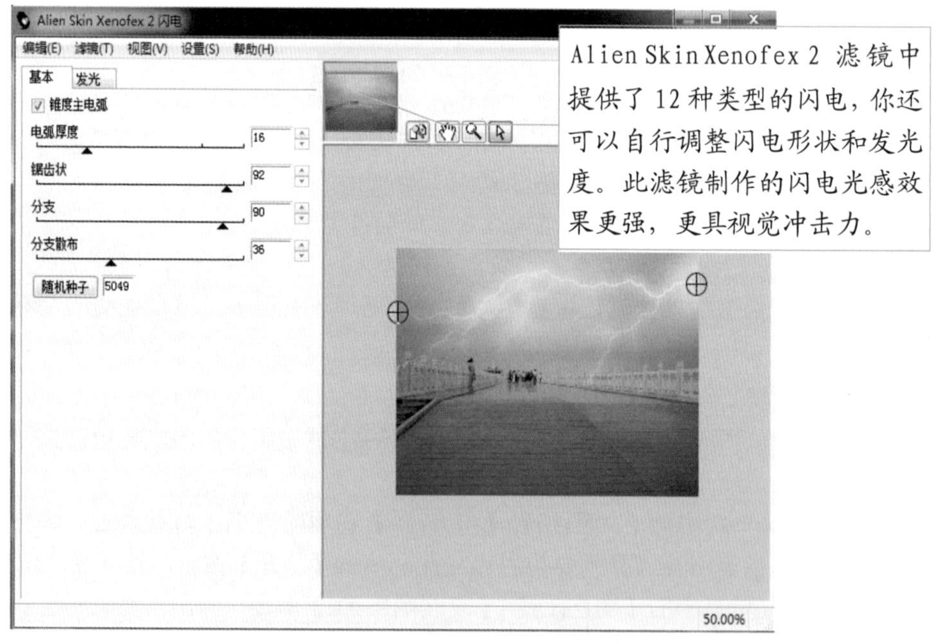

图 2-68　闪电设置

4．在该对话框中选择【设置(S)】|【Distant Lightning】选项，此时在图形的预览窗口中出现所选中的闪电。

5．选择该界面上的【路径选择】工具，用鼠标在图像上调整闪电的起点和终点，满意后点击【确定】按钮，最终效果如图 2-69 所示。

图 2-69　最终的闪电效果图

“扣像合成”是电影特技中的一个术语，意思是让演员先在固定的蓝色背景下表演，然后再通过技术手段与实际场景画面合成，从而制作出各种复杂的特技效果。我们在用 Photoshop 软件编辑和处理图像过程中，同样可以引用这一术语，来表现类似的图像合成技术。当然，这比动态的电影特技处理要容易得多，但制作出的作品同样精彩纷呈，足以以假乱真。

在本章中，我们将通过具体实例，介绍图像合成的基本方法，并以此深入了解 Photoshop 软件的图像编辑功能。在这之前，也许照片对你来说是非常真实的，但读完本章之后，你将怀疑任何照片的真实性，这就是 Photoshop 的艺术魔力所在。

第三章

以假乱真　美图如天成

本章学习目标

◇ 海市蜃楼，虚无缥缈而壮观

在浩瀚的大海上空显示虚无缥缈而壮观的教堂。

◇ 让世界各地的名胜古迹和自己合影

每个人都有周游世界的梦想，在世界各地的名胜古迹留下自己的靓影吧。

◇ 神秘媚影，奇异的感觉

幻影总是显得神神秘秘，给人奇异的感觉。

◇ 浪漫婚纱，我喜欢我设计

不用去婚纱摄影棚，不用摄影师，自己也能做出高档的浪漫婚纱照。

◇ 火烧照片，耳目一新的效果

为了增加照片耳目一新的特殊影视效果，制作被火烧过的照片特效。

◇ 个性车身，自己设计

自己的爱车车身是不是太单调了呢？给爱车 PS 个性化的车身吧！

◇ 印花服饰，随意换新衣

给人物服饰添加精美的图案，可以提升照片的整体艺术效果。

◇ 碧水鱼缸，活泼和艺术的结合

让平淡没有活力的鱼缸灵动起来，充满艺术性。

海市蜃楼，虚无缥缈而壮观

在本节中我们将利用图层和图层蒙版技术及两幅风景图像，制作一幅题为“海市蜃楼”的合成图像作品。这种合成技术在图像编辑过程中非常典型，并且容易掌握。通过本节的学习，读者将会了解 Photoshop 软件中关于图层和图层蒙版的概念，并能初步掌握它们的使用方法和图像编辑技巧。

具体操作步骤如下：

1．打开将要制作合成图像的两张素材照片，其中一张是壮观的教堂，另一张是海景风光，如图 3-1 所示。

图 3-1　两张原图

2．选中教堂的图片，点击工具栏中的【魔棒工具】，去除背景中的天空，如图 3-2 所示。

3．执行菜单栏中的【选择(S)】|【全选(A)】命令，将教堂图片全部选中，单击菜单栏中的【编辑(E)】|【拷贝(C)】选项，复制已去除背景的教堂照片。

提示　在 Photoshop 中用【魔棒工具】去除图片中相似或相近的颜色是十分方便的。

4．选中海滩照片，执行菜单栏中的【编辑(E)】|【粘贴(V)】命令或按Ctrl + V快捷键，将教堂照片粘贴到该图层上，并调整其位置。

图 3-2　去除背景中的天空

5．点击【图层】控制面板中的【添加图层蒙版】按钮，为教堂照片创建一个新蒙版，此时图层中增加了一个透明的（白色）图层蒙版，且该图层处于蒙版编辑状态，如图 3-3 所示。

图 3-3　蒙版编辑状态

6．在工具栏中将前景色设置为黑色，背景色设置为白色。

7. 单击工具栏中的【渐变工具】，选择渐变模式，并设置调色板中的相应参数，点击【确定】按钮，保存设置。

8. 按住Shift键，单击并按住鼠标左键不放从上至下进行拖曳填充，释放鼠标后得到如图 3-4 所示的效果。如果对当前效果不满意，可反复填充，直到满意为止。

提示　Photoshop 中的所有蒙版都是用来控制需要显示或隐藏图像的信息。白色为全透明，黑色则是全部遮盖住。

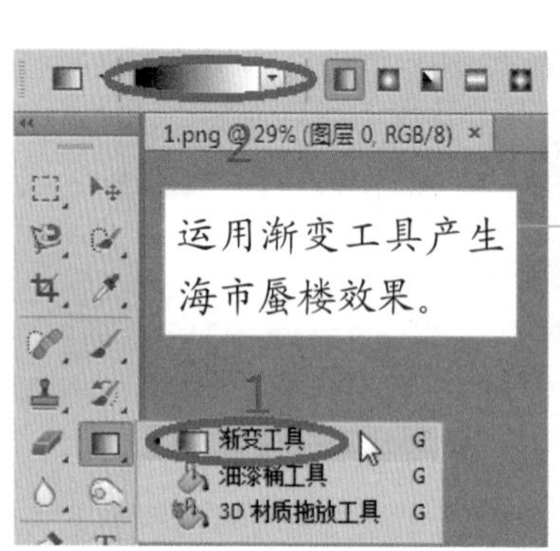

运用渐变工具产生海市蜃楼效果。

图 3-4　海市蜃楼效果

提示　制作合成图像所需要的素材图片最好色调和谐，内容有所联系，这样融合在一起才比较自然，因此选择合适的图片很重要。

让世界各地的名胜古迹和自己合影

如果你是一位旅游爱好者，一定有着到世界各地去转转的梦想，但限于条件，

这样的机会对于你或许眼下还有点缥缈遥远。不过有了 Photoshop，你可以在电脑的帮助下在世界各地的风景名胜留下自己的身影，也可小小地满足一回。下面我们就利用两张普通的照片，运用 Photoshop 的图像合成技术，制作一张逼真的旅游纪念照片。

本例欲将人物置于不同的景色之间，得到环游世界的效果。具体操作步骤如下：

1．打开要制作合成的图像。其中一张是普通的人物照片，另一张是沙滩海岸的照片，如图 3-5 所示。

图 3-5　两张原图

2．单击【通道】按钮进入通道面板。选择“蓝”通道，并复制该通道，如图 3-6 所示，使其为当前可视状态。

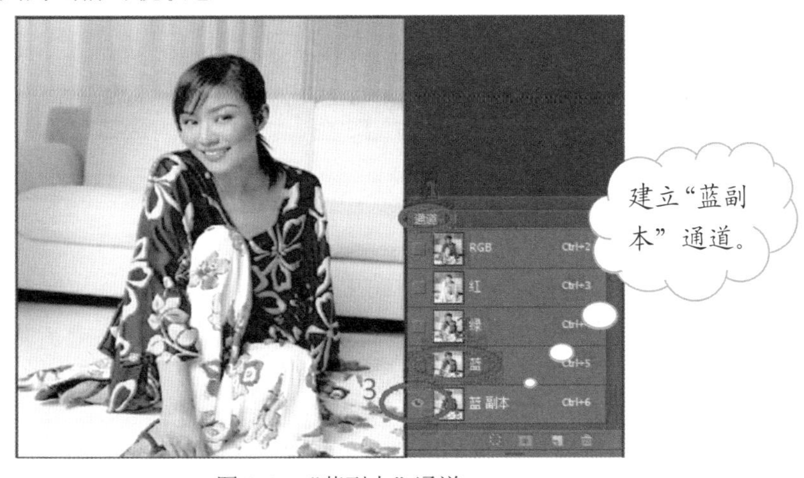

图 3-6　“蓝副本”通道

3．在“蓝副本”通道的编辑状态下，选择菜单栏中的【图像(I)】|【调整(J)】|【反相(I)】命令，效果如图3-7所示。

提示

一般数码相机拍出的照片为RGB模式，在R、G、B三通道中找出一个对比度反差最大的通道，这样的通道容易实现主体与背景的分离。

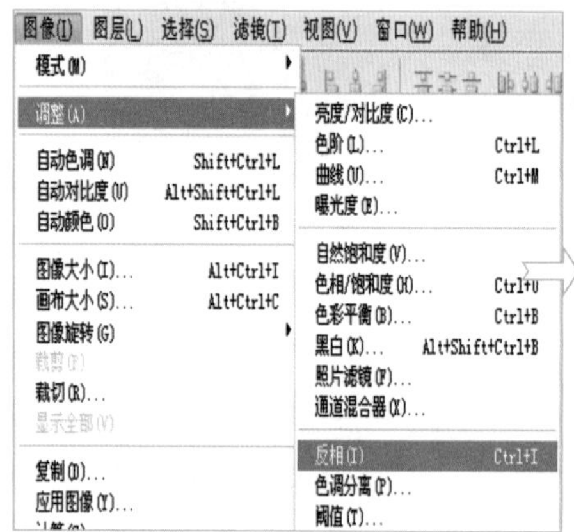

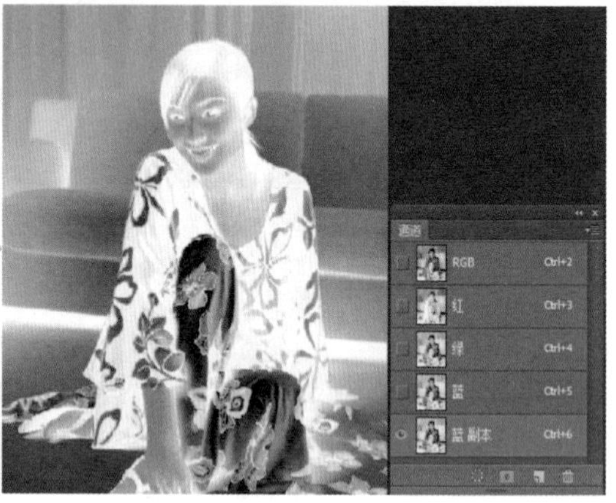

图3-7　执行反相操作

4．接着，对该通道进行色阶调整。点击菜单栏中的【图像(I)】|【调整(J)】|【色阶(L)】命令，弹出“色阶”调整对话框，在该对话框中调节黑白两个小三角，使其向中间移动，从而进一步增大图像的对比度。

5．再次调用色阶调整，用白色吸管点击脸部的灰色，达到脸部尽可能显示为白色、背景尽可能变为黑色的效果。

6．在工具栏中选用【橡皮擦工具】，在人物的轮廓内涂抹。

7．涂抹完毕后，按住Ctrl键，点击 “蓝副本”通道，将选中的白色部分载入选区，效果如图3-8所示。

提示

当通过色阶调整不能达到背景与人物形成强烈反差效果时，可以再使用【橡皮擦工具】【套索工具】等进行处理。

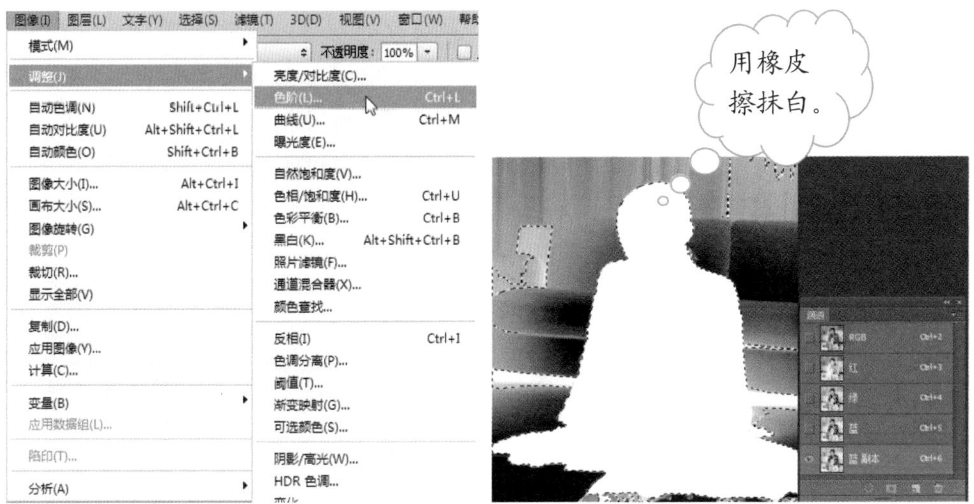

图 3-8　载入白色部分

8. 为了使抠下来的图贴到其他背景上时边缘过渡得更自然，一般要在拷贝前进行一下羽化处理。单击菜单栏中的【选择(S)】|【修改(M)】|【羽化(F)】命令，弹出“羽化选区”对话框，将“羽化半径(R)”设置为 1 像素，如图 3-9 所示。

图 3-9　设置羽化半径

9. 点选 RGB 通道（Ctrl+Z）回到彩色模式，此时所选中的人物轮廓会以蚂蚁线的形式显示。

10. 接下来打开一张背景图片。

11. 拷贝圈选主体部分（Ctrl+C），然后将其粘贴(Ctrl+V) 到背景画面中。在菜单栏中执行【编辑(E)】|【变换(A)】|【缩放(S)】命令，调整人物大小到合适尺寸，移动人物到合适位置。接着执行【编辑(E)】|【变换(A)】|【水平反转(H)】命令以翻转图片。最终的效果如图 3-10 所示。

12. 最后，选择菜单栏中的【文件(F)】|【存储为(A)】选项，保存图片。

提示　总是一种姿势挺累人的。这里我们利用 Photoshop 的图像翻转功能让照片中的人物换了个姿势。

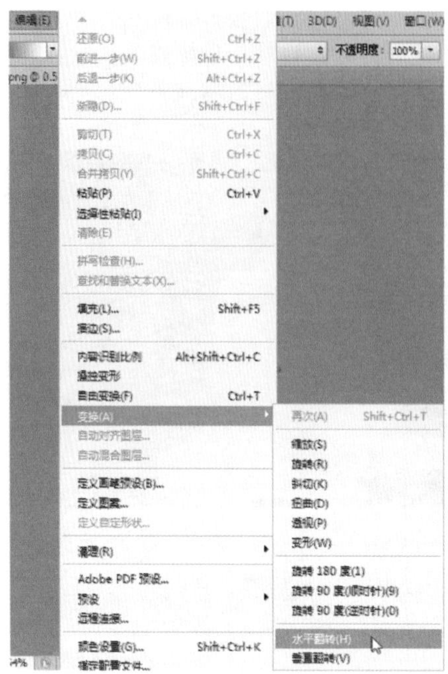

多余选中的背景物体可以用【橡皮擦工具】将其去除。

图 3-10　合成效果

当然，我们还可以将抠取的人物放到其他背景图片均是世界各地风景的图上，这样就会产生周游世界的神奇效果，像图 3-11 中的人物那样，又在泰国的佛塔旁留下了倩影。

图 3-11　合成效果

神秘媚影，奇异的感觉

幻影总是显得神神秘秘，给人奇异的感觉，就像图 3-12 中所示的影子效果那样。本节我们将使用 Photoshop 中的【快速蒙版】工具和对图层进行“色相/饱和度”及“不透明度”的设置来制作这一效果。通过这一节的学习，希望大家加深对蒙版操作的理解和认识。下面我们就一起动手来制作这个特效。

具体操作步骤如下：

1. 执行菜单栏中的【文件(F)】|【打开(O)】命令，弹出“打开”对话框，指定路径，打开图片文件。

2. 选中人物图片，点击工具栏中的【以快速蒙版模式编辑】，如图 3-13 所示，进入蒙版编辑状态。选择工具栏中的【画笔工具】，单击属性栏中的【画笔预设】按钮，设置其硬度值为 100%，并根据实际需要改变画笔的“主直径”的大小，其他均为默认设置。然后，对人物轮廓进行涂抹以得到所要的选区。所得选区为半透明的红色。

图 3-12　带有幻影的美女

图 3-13　涂抹选区

提示 如果用【画笔工具】在选区涂抹完成后，点击键盘上的 Q 键，Photoshop 会将“快速蒙版”模式转换成活动的选区。

3．人物边缘完全涂抹后，点击工具栏中的【以标准模式编辑】按钮，恢复到标准模式编辑状态中，这时整个人物轮廓以外的画面会出现蚂蚁线。

4. 执行菜单栏中的【选择(S)】|【反向(I)】命令，或按 Ctrl + Shift + I 快捷键，反向选择人物，得到如图 3-14 所示的效果。

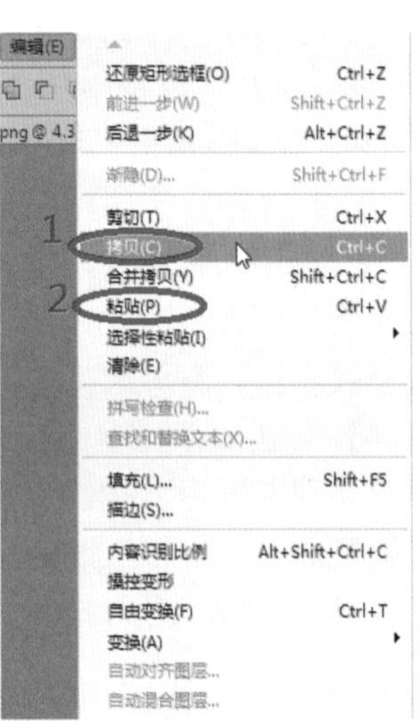

图 3-14 反向选择人物

5．选择菜单栏中的【编辑(E)】|【拷贝(C)】选项或按 Ctrl + C 键，将选区复制，然后点击【编辑(E)】|【粘贴(V)】命令，使选区内容粘贴到新的图层上，将这个新图层命名为“图层 1”。

6．设置“图层 1”的“不透明度”为 45%，接着调整该图层的位置，得到如图 3-15 所示的效果。

提示 “不透明度”是用来控制图层窗口中图层透明程度的工具，在默认状态下不透明度为 100%，其值越小，图片越透明。

7．单击【图层】面板下方的【添加图层蒙版】标识，为“图层 1”添加蒙版，

设置前景色为白色，背景色为黑色。选择工具栏中的【渐变工具】按钮，并设置渐变属性。

图 3-15　设置图层 1 的不透明度

8．完成设置后从右往左用鼠标在图层中点击拖曳，此时【图层】面板如图 3-15 所示。

9．点击【图层】面板中图层的缩略图，进入图层编辑模式。

10．执行菜单栏中的【图像(I)】|【调整(J)】|【色相/饱和度(H)】命令，弹出“色相/饱和度”设置对话框，选择“预设(E)”为自定，选择全图，设置“色相(H)”为 16，“饱和度(A)”为−19，“明度(I)”为 40，如图 3-16 所示，点击【确定】按钮保存设置。

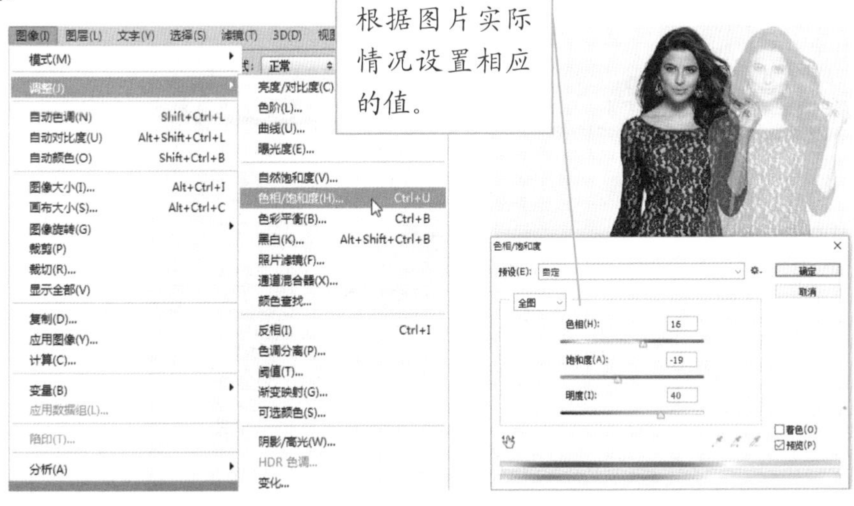

图 3-16　设置“色相/饱和度”

11．用同样的方法制作另一个渐变图层，最终效果如图 3-12 所示。

12．最后，执行菜单栏中的【文件(F)】|【存储为(A)】命令，在弹出的“存储为”对话框中选择文件格式为 JPEG，并设置“品质”为 12，其他均按默认设置，单击【确定】按钮保存图片。

提示　使用【色相/饱和度】可以调整图像中特定颜色分量的“色相”“饱和度”和“明度”，同时调整整个图像中的所有颜色。

浪漫婚纱，我喜欢我设计

现在，流行一种被称为“电脑婚纱摄影”或“电脑自我形象设计”的服务。实际上，这种服务就是将数码相机拍摄的人像照片，通过在电脑中使用专业的图像合成软件，利用“换头术”的技术原理进行制作完成的。在本节中，我们也来赶一次“时髦”。实际上，这种图像合成技术对 Photoshop 来说非常容易实现，而且简单易学。

下面我们通过图 3-17 中的照片，来进行“电脑婚纱摄影”的设计。具体操作步骤如下：

图 3-17　需合成的两张原图

1．打开图 3-17 右图的照片，在工具箱中选择【磁性套索工具】，并将“羽化”值设定为 3 像素。

2．使用【磁性套索工具】，对图中女士的脸部轮廓进行选取，如图 3-18 所示。

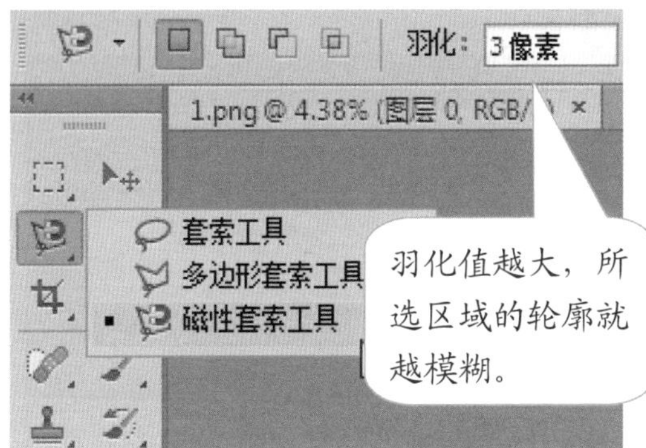

图 3-18　选取脸部轮廓

3．完成选取后，按 Ctrl + C 键将选区复制到剪贴板。打开婚纱照的图片，在键盘上按 Ctrl + V 键将复制选区粘贴到该背景图层上，

4．执行菜单栏中的【编辑(E)】|【自由变换(F)】命令，并且调整头像图层的大小，如图 3-19 所示。

图 3-19　自由变换头像

5．调整好位置及大小后，选择工具栏中的【图像(I)】|【调整(J)】|【色相/饱和度(H)】选项，在弹出的对话框中将“色相(H)” 设置为−9，“饱和度(A)”设置为 20，如图 3-20 所示。设置完成后，点击【确定】按钮。

6. 观察图片，我们可以看到新图层和背景画面的色调还不是完全一致。为此，接着执行工具栏中的【图像(I)】|【调整(J)】|【色彩平衡(B)】命令，弹出“色彩平衡”对话框，在图 3-21 所示对话框中的“色阶(L)”栏中分别键入 12、−11、55；观察图像的整体色调，满意后点击【确定】按钮。

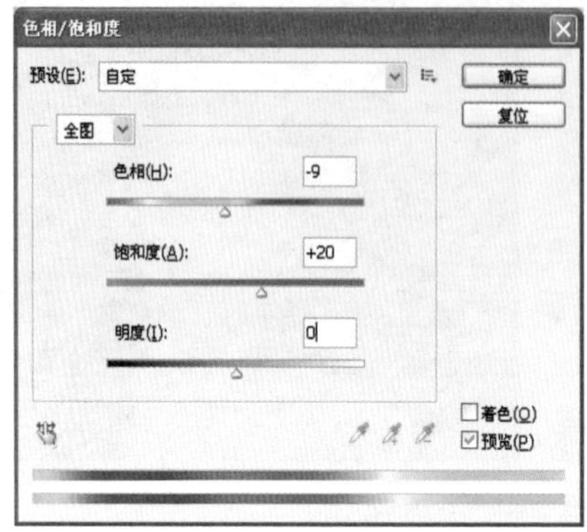

图 3-20 色相饱和度设置

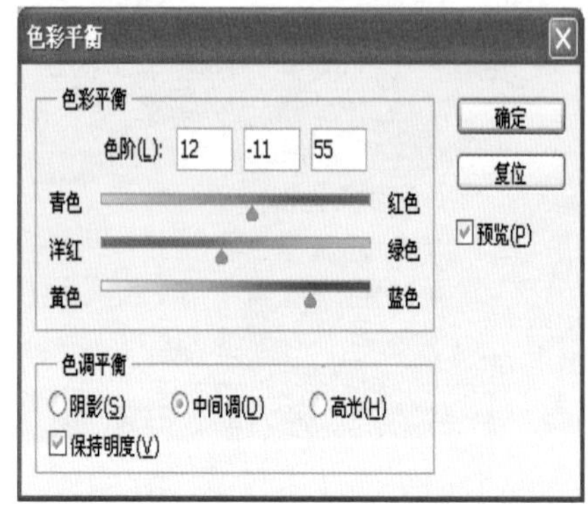

图 3-21 色彩平衡设置

7. 将可见图层合并，最终效果如图 3-22 所示。

提示 对选区图层的色彩处理，要根据背景的实际色调进行操作。

学会这招，自己就可以在家 DIY 各式各样的婚纱照了哦。

图 3-22 DIY 浪漫婚纱照

火烧照片，耳目一新的效果

我们相册中收藏的照片几乎都是完整无损整整齐齐排列着的，可是千篇一律的样式总叫人感到过于呆板，没有新鲜感。

为了增加照片令人震撼的特殊效果，这一节，我们用 Photoshop 制作被火烧过的照片特效（出现在一些影视作品中）。

具体制作过程如下：

1. 执行菜单栏中的【文件(F)】|【打开(O)】命令或按 Ctrl+O 快捷键，弹出“打开”对话框，指定路径选择所要的照片文件，单击【打开】按钮，如图 3-23 所示。

2. 执行菜单栏中的【图像(I)】|【调整(J)】|【色相/饱和度(H)】命令，弹出“色相/饱和度”对话框，在该对话框中将“饱和度(A)”值调整为−88，如图 3-24 所示。

图 3-23 原图

将照片去色，突出黑白的对比效果。

图 3-24 去色

3．选择菜单栏中的【图像(I)】|【调整(J)】|【变化】命令，在弹出的“变化”对话框中用鼠标连续两次点击“加深黄色”选框，其效果显示于“当前挑选”框中，如图 3-25 所示，单击【确定】按钮保存设置。

提示 在图像的变化设置中，Photoshop 提供了 6 种变化方式，可分别用来对图片的整体黄、绿、青、红、蓝和洋红色进行加深。

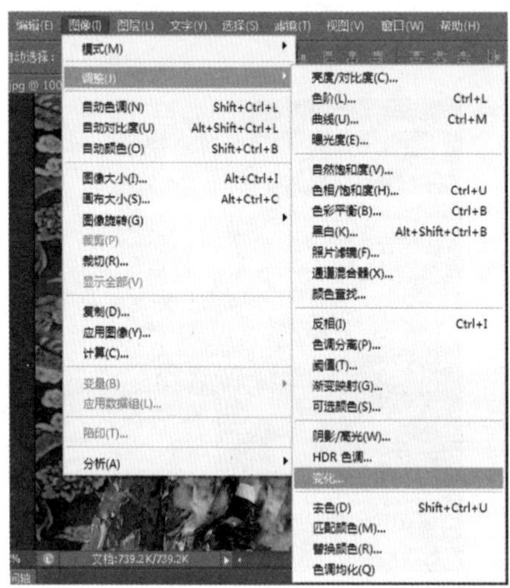

图 3-25　加深黄色

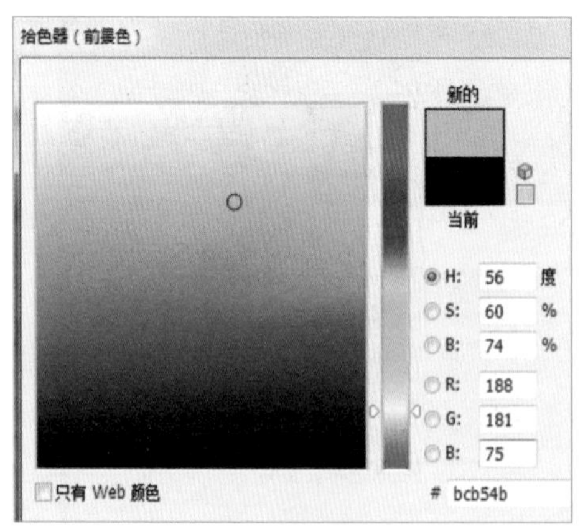

图 3-26　设置前景色

4．选择菜单栏中的【图层(L)】|【新建(N)】|【图层(L)】命令，新建一个图层。

5．在工具箱中设置前景色，在“拾色器”对话框中分别将 R、G、B 三色设置为 188、181、75，如图 3-26 所示。

6．在键盘上按 Alt + Del 键将其填充到新建图层中。

7．执行菜单栏中的【滤镜(T)】|【渲染】|【云彩】命令，对填充图层进行色彩渲染处理。

8．在工具箱中选择【魔棒工具】，在属性选框中将“容差”值设为 20，并勾选

“连续”选项，其他属性值均为默认。完成设置后，用鼠标点击图层中的深色部分，如图 3-27 所示。

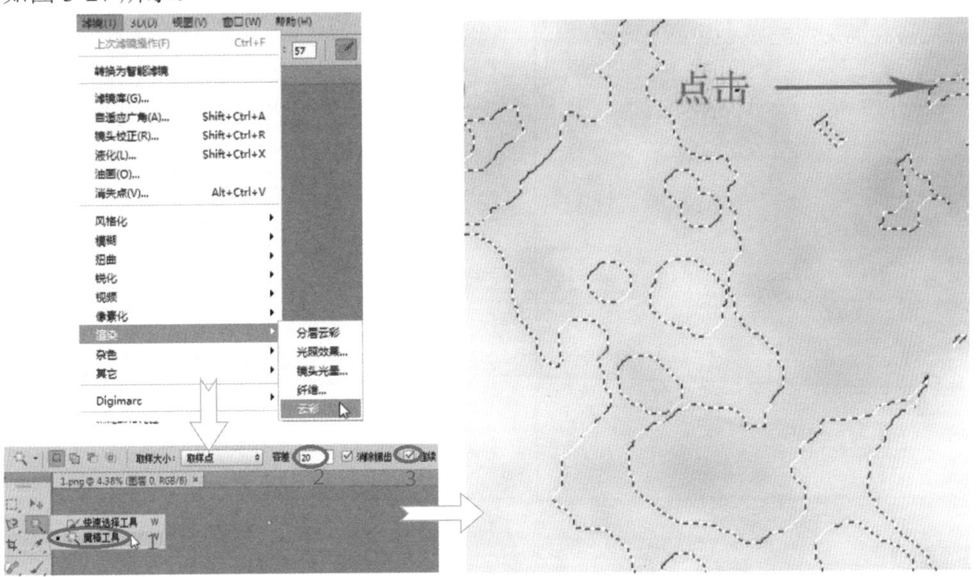

图 3-27 选择图层的深色部分

9. 出现蚂蚁线选区后，将新建图层前的眼睛图标点选掉，使其成为不可视图层，这时背景图像会显示出来。

10. 点击背景图层，使其为当前的可编辑层，在工具箱中设置前景色为黑色，并将它填充到选区中，如图 3-28 所示。

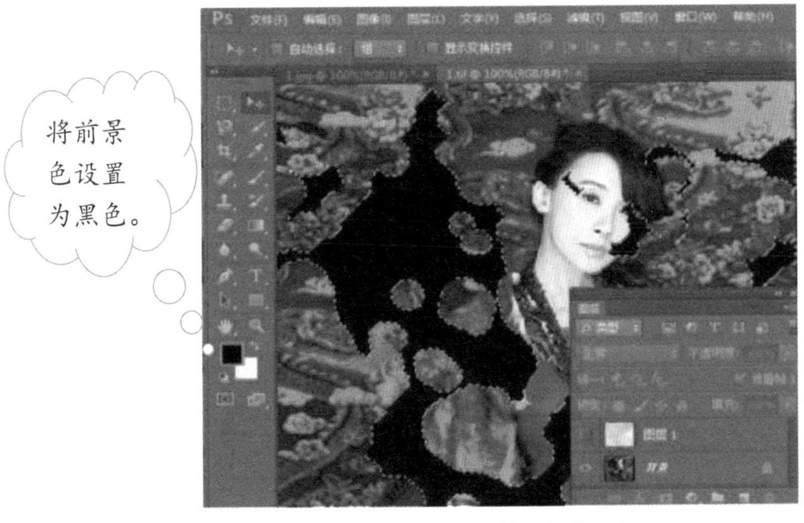

图 3-28 设置前景色为黑色

11．执行菜单栏中的【选择(S)】|【修改(M)】|【收缩(C)】命令，在弹出的“收缩选区”对话框中，将“收缩量(C)”调整为4像素，单击【确定】按钮保存设置。

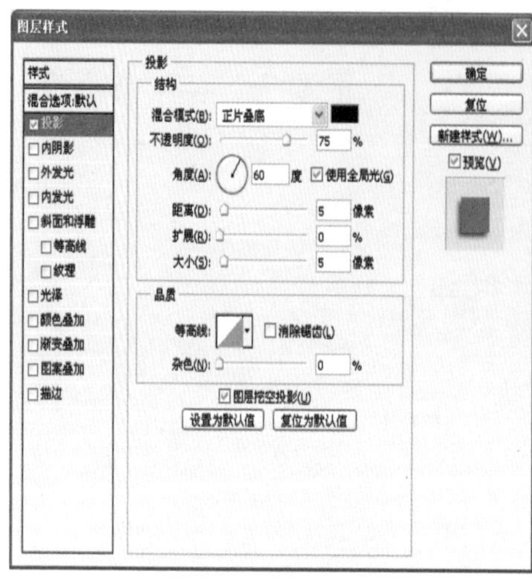

图3-29　图层样式

12．接着执行菜单栏中的【选择(S)】|【修改(M)】|【羽化(F)】命令，在弹出的“羽化选区”对话框中将“羽化半径(R)”设置为2像素，单击【确定】按钮，按Del键将选区去除掉。

13．选择菜单栏中的【图层(L)】|【图层样式(Y)】|【投影(D)】命令，弹出“图层样式”设置对话框，勾选“投影”选项，在投影设置中将“角度(A)”调整为60度，点击【确定】按钮，如图3-29所示。

14．恢复新建图层的可视性，选中该图层，在【图层】面板中选择“正片叠底”选项。最终效果如图3-30所示。

提示　对烧边效果程度的把握是由【魔棒工具】选择的选区范围决定的。

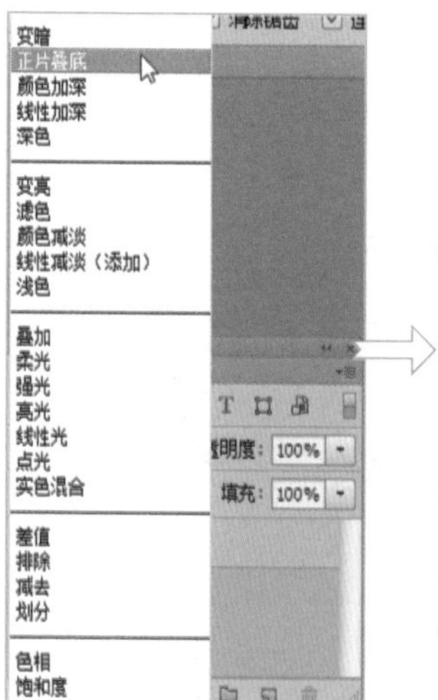

图3-30　火烧照片效果

个性车身，自己设计

当我们在对以实物为主体的对象进行拍摄时，总希望自己得到的照片充满个性，与众不同，但又常常受制于条件而不能如愿。现在，利用电脑对照片进行个性化处理，可以弥补这一缺憾。在 Photoshop 中可通过【钢笔工具】【路径工具】建立选区、填充图案，来实现这一神奇的效果。图 3-31 所示就是一张充满个性车身的图片效果。

图 3-31　个性鲜明的车身

下面，我们要用图 3-32 所示的两张原始图片素材，通过贴图的方式将它们合成为一张图片以实现希望达到的艺术效果。

作为整个处理过程的一部分，我们首先要勾勒出车体的轮廓，然后定义填充对象的图案，如本例中所要进行填充的是犀牛照片。定义并命名图案后，按照如下步骤操作即可完成。具体操作步骤如下：

图 3-32　车和车贴

1．选中要填充图案的图层，执行菜单栏中的【编辑(E)】|【定义图案】命令，

在弹出的“图案名称”对话框中键入自定义的名称，实例中将图案命名为“犀牛”，单击【确定】按钮保存图案。

2．选中背景的汽车图案，使其为当前可编辑图层，点击【路径】面板，单击该面板下的【创建新路径】图标，创建名称为“路径 1”的新路径。

以上操作如图 3-33 所示。

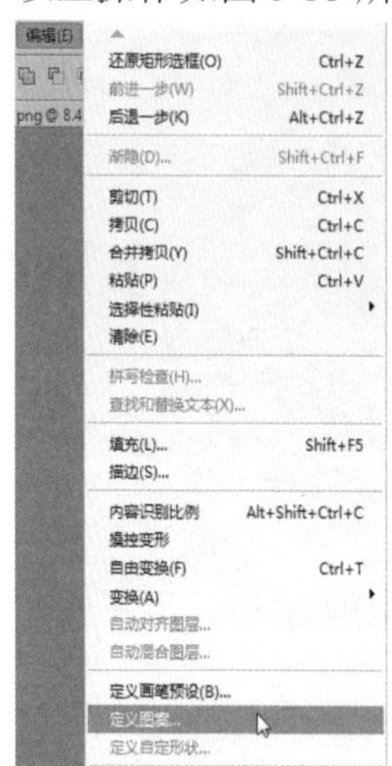

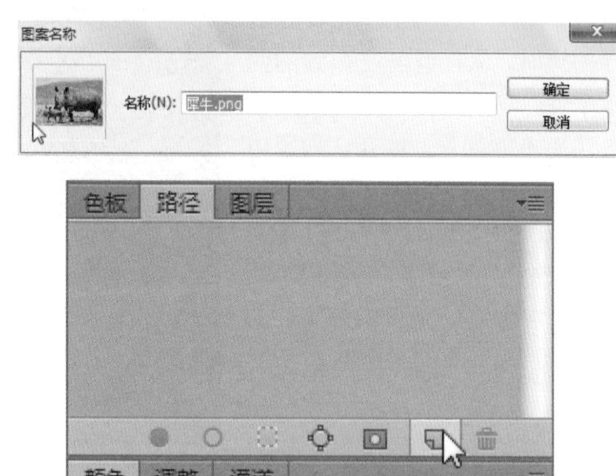

图 3-33　定义图案和新建路径

3．点击工具箱中的【钢笔工具】，沿车身边缘创建一个路径。

4．执行菜单栏中的【图层(L)】|【新建填充图层(W)】|【图案(R)】命令，弹出“新建图层”对话框，点击【确定】按钮，又弹出“图案填充”对话框，此时刚才定义好的图案会出现在预览框中，调节“缩放(S)”比例使之合适。在【图层】面板中，将模式选为“变暗”，如图 3-34 所示。

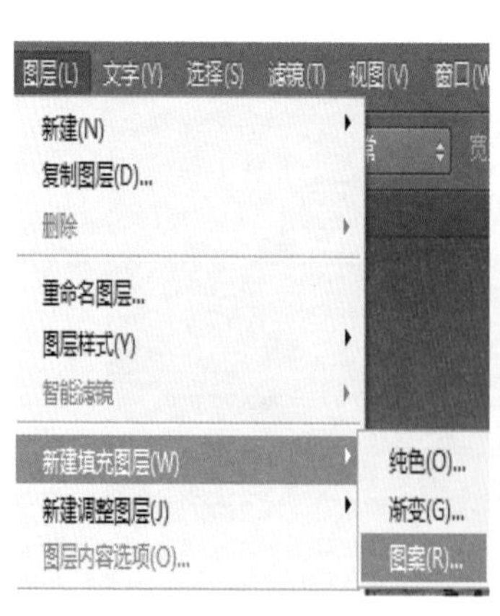

图 3-34　图案填充

5．合并所有图层，最终效果如图 3-35 所示。

是不是能够弥补实物的不足呢？

图 3-35　最终个性车身效果

提示　对初学者而言，在使用【钢笔工具】绘制选区时有一定的难度，但它是最有效、最实用的图像选择工具。混合模式中“变暗”模式比较适用这张照片。当然你还可以尝试其他模式为图像寻求更佳的效果。

印花服饰，随意换新衣

给人物服饰添加一个精美的图案，可以提升照片的整体艺术效果。本节我们将利用 Photoshop 中的【通道工具】和【蒙版工具】来给照片中人物的衣服添加图案。为了让大家对【通道工具】和【蒙版工具】的概念有一个更深刻的了解和认识，我们将【通道工具】和【蒙版工具】结合使用来进一步介绍它们的使用方法。

整个绘制过程主要分为选择衣裙选区和添加花纹两部分。具体操作步骤如下：

1．执行菜单栏中的【文件(F)】|【打开(O)】命令或按 Ctrl+O 快捷键，弹出“打开”对话框，指定路径选择所要的照片文件，单击【打开】按钮，打开图 3-36 中的人物和蝴蝶图片。

图 3-36　两幅素材图片

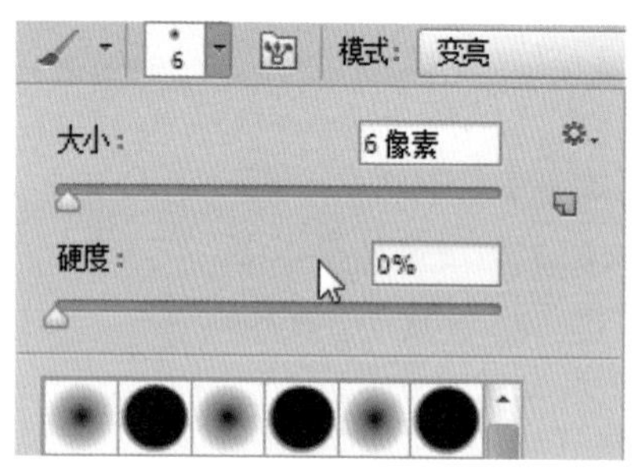

图 3-37　画笔设置

2．点击工具箱中的【以快速蒙版模式编辑】选项，进入蒙版编辑状态，选择【画笔工具】，如图 3-37 所示，将画笔的“硬度”值设为 0%，“大小”根据实际需要进行更改。如图 3-38 所示，在人物的裙子上绘制选区，蒙版中所选中的选区以 50%的红色进行填充。

3．绘制完成后，点击工具箱中的【以标准模式编辑】按钮，恢复到标准模式编辑状态下，所选中的人物选区以蚂蚁线的形式显示出来。

4．选中【通道】面板中的“蒙版编辑”通道，点击该面板下的“创建新通道”图标，这时在【通道】面板中新建一个 Alpha 通道，名称为“Alpha 1”。将蒙版编辑通道删除，单击【通道】面板底部的“将选区存储为通道”按钮图标，将选区存储为通道选区，如图 3-39 所示，按 Ctrl + D 键取消选区。

提示　用快速蒙版勾勒选区是经常使用的方法。Alpha 选区是存储选择区域的一种方法。这种方法变化最丰富，运用最广泛。

5．打开蝴蝶图片窗口，选择工具箱中的【移动工具】，将其移到人物图层中的合适位置。

图 3-38　在蒙版编辑状态涂抹裙子下半部分

图 3-39　新建一个 Alpha 通道

6. 调节“图层”控制面板中花纹图层的“不透明度”，将其降低为 75%，选择菜单栏中的【编辑(E)】|【自由变换(F)】选项，或者按 Ctrl +“+”键，调整尺寸大小。再执行【编辑(E)】|【变换(A)】|【变形(W)】命令，对图层进行微调，如图 3-40 所示。

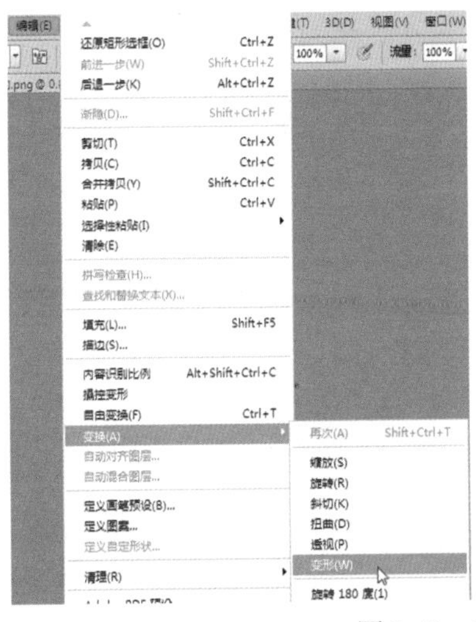

图 3-40　变换与变形

7. 调节好后，点击【通道】面板，按住 Ctrl 键不放，单击存储的通道选区“Alpha 1”，完成选区的载入。

8. 切换到【图层】面板，选中蝴蝶花纹的图层，按 Del 键删除该图像中超出选

区的部分。

9. 在【图层】面板上方的图层混合模式中选择“正片叠底”选项，并将“不透明度”降低为80%（图3-41）。

10. 最后，对蝴蝶花纹图层进行“亮度”“色相 / 饱和度”和“对比度”的调整，最终效果如图3-41所示。

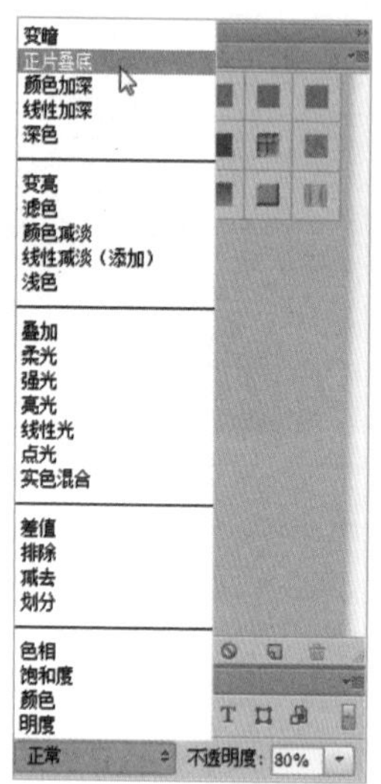

图3-41　选择“正片叠底”混合模式

提示　Photoshop提供了图像变形工具，它有16个描点分布在整幅图像上，用户可以调节它们以达到变形的目的。

在Photoshop中通道和图层是比较重要的知识点，只有掌握了这些功能，在今后的图像制作过程中才能得心应手。

碧水鱼缸，活泼和艺术的结合

在普通的拍摄过程中，大部分照片都是实际景物的反映。基于所拍景物或人物的实际状况，我们所得到的照片往往刻画得过于平淡，缺乏艺术性。图3-42中透明

玻璃缸构成的景物看上去比较平淡，没有活力。如果我们将鱼缸中的水处理一下，那么得到的效果就会具有相当的艺术性。下面我们就利用 Photoshop 中的【通道工具】和【蒙版工具】对它进行加工。

图 3-42　鱼缸中的水平淡无奇

具体操作步骤如下：

1. 执行【文件(F)】|【打开(O)】命令，打开目标照片，如图 3-42 所示。

2. 在工具箱中点选【钢笔工具】，细心绘制出鱼缸的轮廓，然后点击【路径】面板，将路径命名为“路径 1”，如图 3-43 所示。

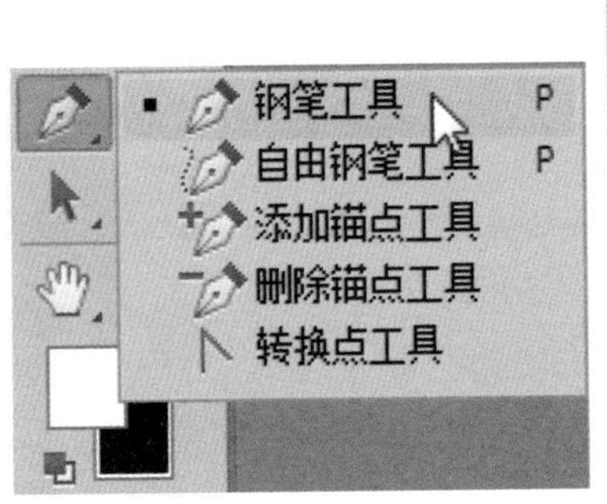

图 3-43　设定“路径 1”

提示

在用【钢笔工具】绘制鱼缸轮廓前，先要对如何使用【钢笔工具】有一定的了解，然后精心描绘出鱼缸的外部轮廓。

3．点击【通道】面板，查看颜色通道，确定哪个通道内的色调信息最佳。在实例中“蓝”通道的图像轮廓更接近待用的蒙版图像，从而不影响原图效果。

4．再次点击【路径】面板，在面板中单击“将路径作为选区载入”工具图标，这时所选路径的选区将变为蚂蚁线。

5．点击【通道】面板内的“蓝”通道，在菜单栏中点选【编辑(E)】|【拷贝(C)】选项，从“蓝”通道中复制鱼缸的内部，如图 3-44。

图 3-44　从“蓝”通道中复制鱼缸的内部

6．返回【图层】面板，点击【添加图层蒙版】按钮，创建一个新蒙版，这时显示窗口仅显示用【钢笔工具】所描绘鱼缸轮廓的蚂蚁线。然后在菜单栏中选择【编辑(E)】|【粘贴(P)】命令，将步骤 5 中“蓝”通道内的鱼缸内部区域移到“Alpha 1”通道内，效果如图 3-45 所示。

图 3-45 “Alpha 1”通道

提示 通道是独立存放图像信息的平面。“蓝”通道记录图像中不同位置蓝色的深浅（即蓝色的灰度）程度。

7．为保留金鱼的轮廓，在工具栏中选择【画笔工具】，将“硬度”调为 50%，“透明度”调为 30%，涂抹金鱼身体，给金鱼上色。

8．重新回到【通道】面板，选中 RGB 合成通道，打开要添加的海水背景图片，用鼠标把它拖进鱼缸文件中，在标题栏中选择【选择(S)】|【载入选区(O)】命令，如图 3-46 所示。在“载入选区”对话框中选择“Alpha 1”通道。

9．保持要添加的海水背景图层为当前的活动状态，点击【添加图层蒙版】图标，加入一个通道蒙版，创建效果如图 3-47 所示。为减小水纹图层浓度，将不透明度降低到 64%。

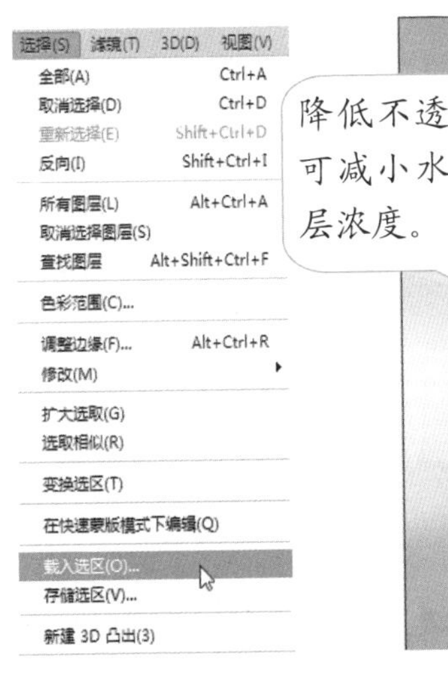

图 3-46 载入选区

图 3-47 加入通道蒙版

提示 为了能独立操作图层蒙版中的图像信息，我们在移动或缩放前去掉图层与蒙版间的联系，使图像图层处于活动状态，而图层蒙版处于不活动的状态。

10．接下来为保证现在的水位不超过原来的水位，先在工具箱中将前景色和背景色分别设置为“黑”和“白”，然后点击工具箱中的【渐变工具】。在选择栏中的“渐变拾色器”中选择第二种渐变方式，即“前景色到透明渐变”。

11．单击【图层】蒙版，设置“渐变”效果，如图 3-48 所示。

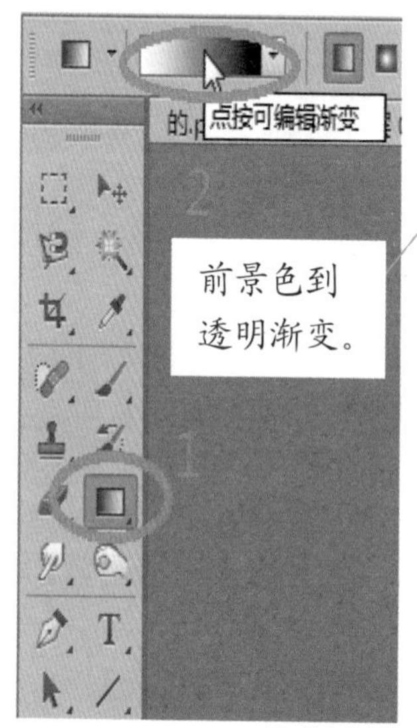

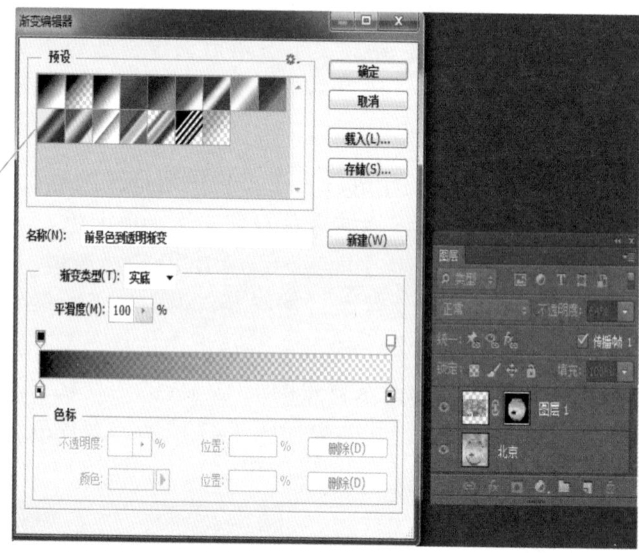

图 3-48　设置“渐变”效果

提示 渐变模式选择“前景色到透明渐变”，能够在加入渐变效果时不改变蒙版，选择其他渐变模式则会使蒙版发生改变。

12．最后，我们来做细节上的修整。点击工具栏中的【画笔工具】并对其属性进行设置，在原始图层蒙版上用画笔涂抹缸底和缸壁区，去掉多余的水纹图层效果。最终效果如图 3-49 所示。

在使用黑色的画笔涂抹时，将其硬度值调低并设置“不透明度”为50%，在涂抹过程中，允许透过一点鱼缸边缘，这样更有剔透感。

图 3-49 炫目的水

也许你曾经梦想当一名画家或者设计家，但只可惜没有机会深造和接受专门的训练；也许你有这方面的天赋或者创作愿望，但苦于没有专业的绘画技能和创作条件。那么，一起来学习 Photoshop 吧，它为你提供了无限的创作空间，能够满足你的愿望，激发你的创作欲，让你梦想成真。

通过前几章的学习，相信你已经对 Photoshop CS6 软件的强大功能及具体操作有了较全面的认识。作为本书的最后一章，我们想通过几个创意设计的实例，让你了解 Photoshop 设计家是如何创作那些精彩艺术照片的，希望你能从中得到启迪和灵感。

下面我们就一起开始这个充满艺术畅想的创作旅程，打造创意无限的梦想王国。

第四章

创意无限　打造梦想王国

本章学习目标

◇ 精美相框，装饰照片

给自己喜爱的照片加上一个精美的相框，这样整张照片看上去才更完美。

◇ 平凡照片，馆藏艺术

用灯光修饰照片，自己拍摄的风景照也能有馆藏的艺术效果。

◇ 龟裂表盘，个性彰显

给图像一个饱经风霜的外观并赋予喜欢的个性，给人耳目一新的感觉。

◇ 改变平淡，添加彩虹

给平淡的照片添加一道美丽的彩虹之后，使作品有不同的表现力。

◇ 水中倒影，颠倒世界

基于真实的水面图像，并通过调整倒影的色调，来达到水中倒影的效果。

◇ 魔术镜头，变！变！变！

“多胞胎”的神奇魔术效果，同一个人重复出现在同一个背景中。

◇ 呼风唤雨，细腻朦胧

呼风唤雨，轻松带给人以细腻、朦胧感觉的雨雪场景。

◇ 婆娑树影，缕缕阳光

阴天拍摄的婆娑树影也会有阳光穿透树林的枝叶撒下万道金光。

◇ 四季变换，穿越时空

摆脱时空的束缚，亲身体验一下如何瞬间变换春夏秋冬。

◇ 视野宽阔，拼接全景

视野宽阔，场面宏大，全景照片你也可以轻松搞定。

◇ 混合精美，艺术味儿

有器材，有装备，有美景，更要有浓厚的“艺术味儿”！

精美相框，装饰照片

给自己喜爱的照片加上一个精美的相框，这样整张照片看上去才更完美。由于 Photoshop CS6 滤镜库工具具有随意性和可更改性的特点，因此，在本节中我们将通过有关滤镜工具来实现这一效果。下面我们就来由浅入深地分别学习喷溅形边缘相框、木质边缘相框和特殊边缘相框等的制作方法。

一、制作喷溅形边缘相框

1. 启动Photoshop，打开图 4-1 所示的照片。

2. 选择【通道】面板，点击该面板下方的【创建新通道】按钮，如图 4-2 所示。创建一个名为“Alpha 1”的通道，此时画面一片漆黑。

图 4-1　原图

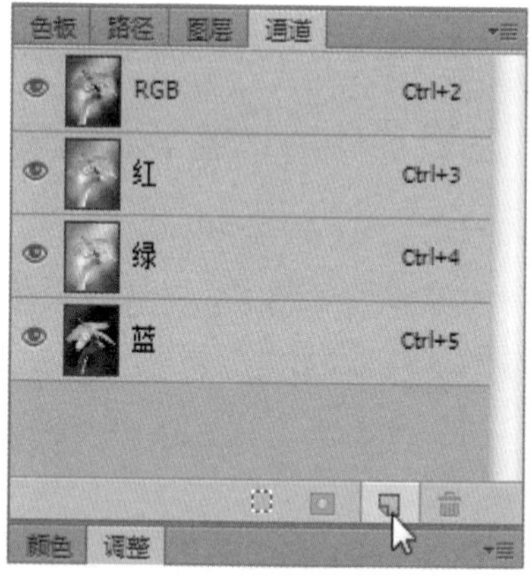

图 4-2　创建新通道

3. 选择工具栏中的【矩形选框工具】，在名称为“Alpha 1”的通道中建立矩形选区。

提示　“通道”是存储不同类型信息的灰度图像。【通道】面板可用于创建和管理通道。

4. 选择工具栏中的【油漆桶工具】，将前景色设置为白色，并用前景色填充，效果如图 4-3 所示。然后执行菜单栏中的【选择(S)】|【取消选择(D)】命令，或者

按Ctrl＋D快捷键取消选区。

图 4-3　去除背景中的天空

5．执行菜单栏中的【滤镜(T)】|【滤镜库(G)】|【画笔描边】|【喷溅】命令，弹出“喷溅”对话框，如图 4-4 所示。设置“喷色半径(R)”为25，“平滑度(S)”为5，喷溅效果将会显示在左边的预览框中，满意后点击【确定】按钮。

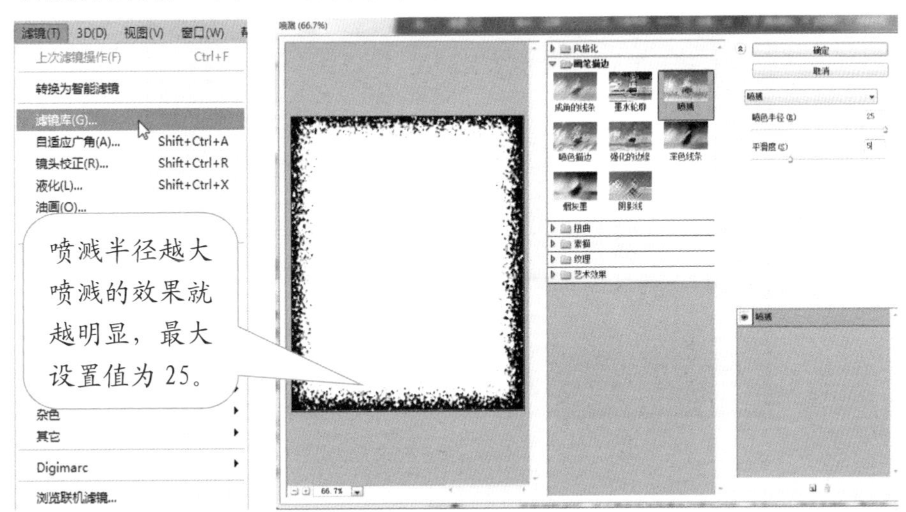

图 4-4　喷溅效果

6．用鼠标点击【通道】面板，将所有通道前的眼睛点亮显示为可见，然后双击“Alpha 1”通道，弹出通道选项，如图 4-5 所示。

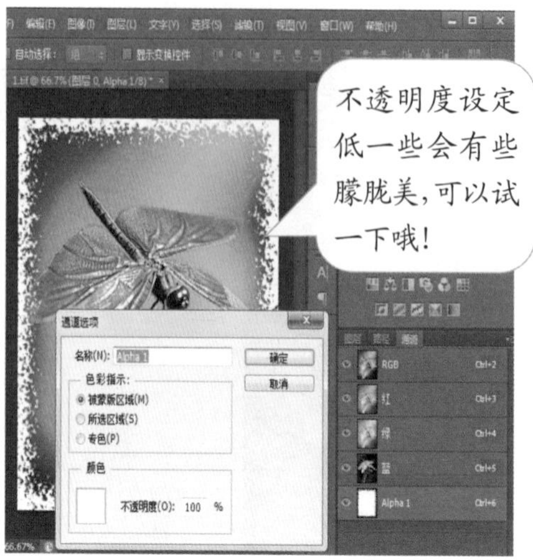

图 4-5　通道选项

7．选择相框的颜色和不透明度，这里颜色选择白色，不透明度选择100%，最终效果如图 4-6 所示。

图 4-6　最终效果

二、制作木质相框

接下来我们来制作木质相框。本例主要通过画布设置命令、添加杂色滤镜、动感模糊滤镜、斜面和浮雕滤镜等制作完成。具体操作步骤如下：

1．执行菜单栏中的【文件(F)】|【打开(O)】命令，弹出“打开”对话框，指定路径选择照片文件，打开如图 4-7 所示的照片。

2．选择菜单栏中的【选择(S)】|【全部(A)】选项，将图片全部选中，接着执行菜单栏中的【编辑(E)】|【拷贝(C)】命令，复制图片。

图 4-7　无框相片

3．执行菜单栏中的【文件(F)】|【新建(N)】命令，或者按Ctrl＋N快捷键，弹出“新建”对话框。在“预设(P)”的下拉菜单中选中“剪贴板”，在“名称(N)”中键入“木质相框”，其他设置均为默认值，点击【确定】按钮，创建一个新的文档，如图 4-8 所示。

4．接着执行菜单栏中的【选择(S)】|【全部(A)】命令，将创建的文档全部选中，再执行【选择(S)】|【存储选区(V)】命令，弹出“存储选区”设置对话框，单击【确定】按钮将选区保存到“Alpha 1” 通道中，如图 4-9 所示。

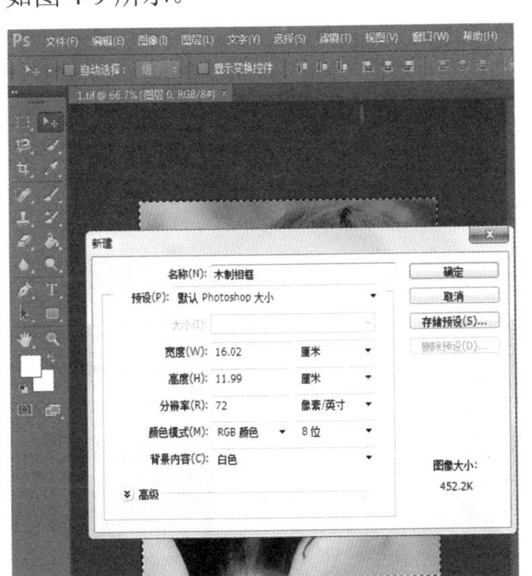

图 4-8　新建一个文档

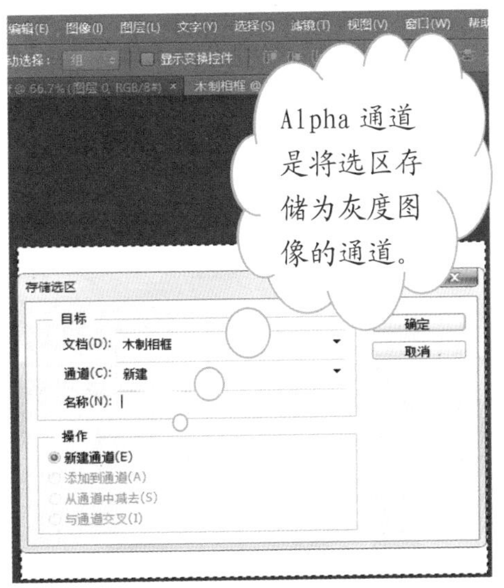

图 4-9　保存选区

5．执行菜单栏中的【图像(I)】|【画布大小(S)】命令，弹出“画布大小”对话框。在这里重新设置画布的宽度与高度，将其高度和宽度值各增加4厘米，单击【确定】按钮，改变画布大小，如图 4-10 所示。

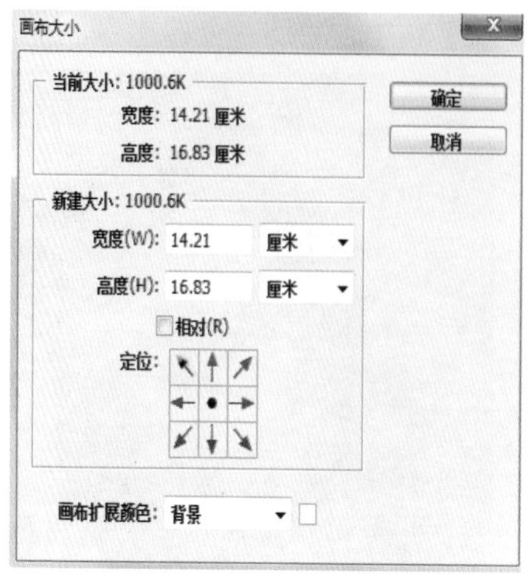

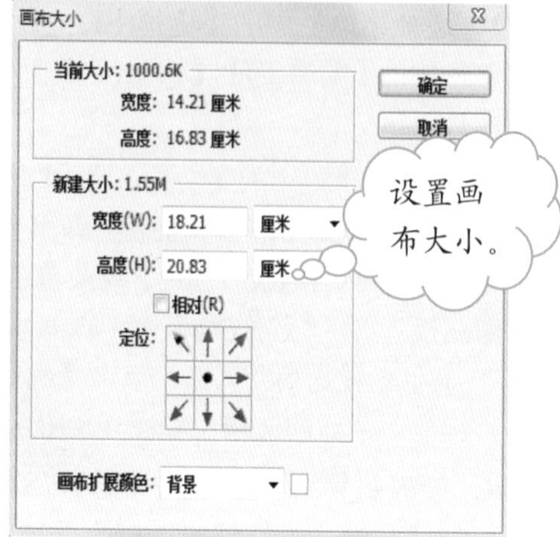

图 4-10　改变画布大小

提示 在画布的大小设置中，增加的宽度和高度部分就是相框所占的部分，因此，画布大小的调整需考虑照片本身的大小和个人喜好。

6．执行【选择(S)】|【载入选区(O)】命令，弹出“载入选区”设置对话框，点击【确定】按钮，接着执行【选择(S)】|【反向(I)】命令，或者按Ctrl + Shift + I快捷键，如图 4-11 所示，此时边框的雏形已经出现。

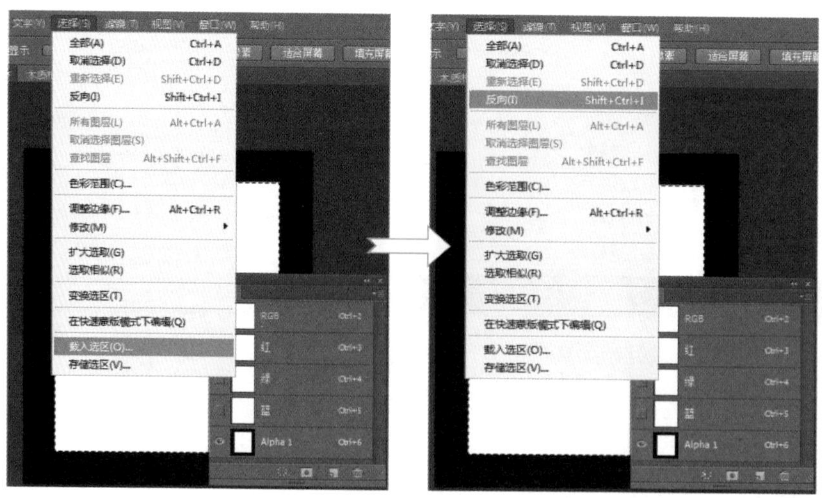

图 4-11　载入选区和反向操作

7. 接着执行菜单栏中的【图层(L)】|【新建(N)】|【图层(L)】命令，弹出“新建图层”对话框，单击【确定】按钮，创建新图层，如图 4-12 所示。

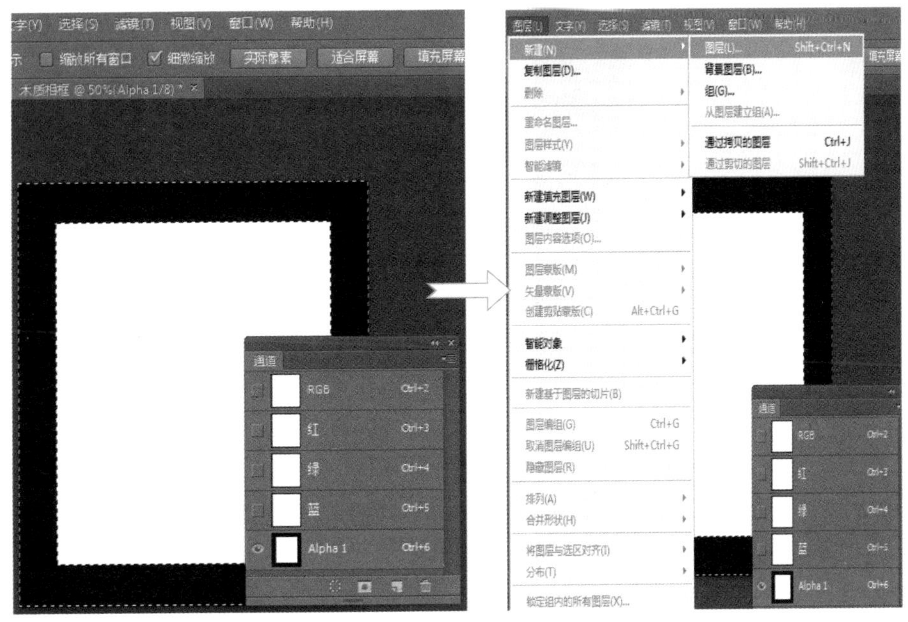

图 4-12　新建图层

8. 在工具栏中设置前景色为棕褐色（RGB分别为195、121、85），如图 4-13 所示，选中工具栏中的【油漆桶工具】，在选区内单击，使用前景色填充选区。

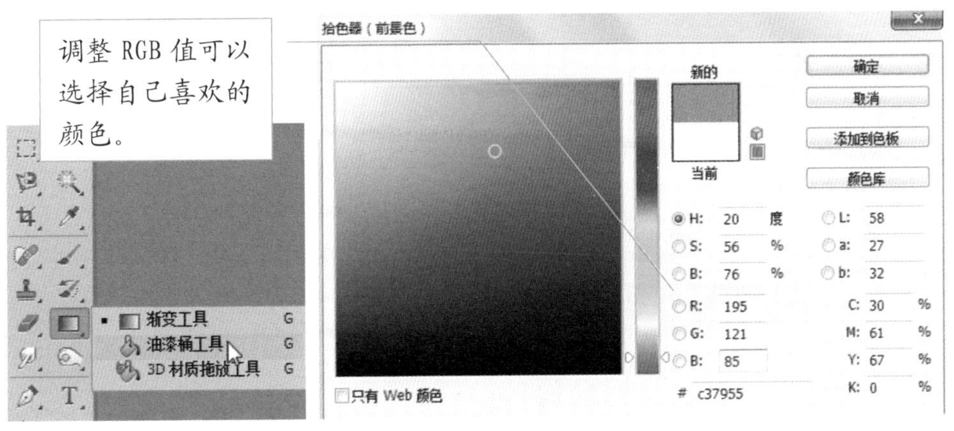

图 4-13　设置前景色

9. 执行菜单栏中的【滤镜(T)】|【杂色】|【添加杂色】命令，弹出“添加杂色”对话框，将数量置为35%，单击【确定】按钮，得到图 4-14 所示的效果图。

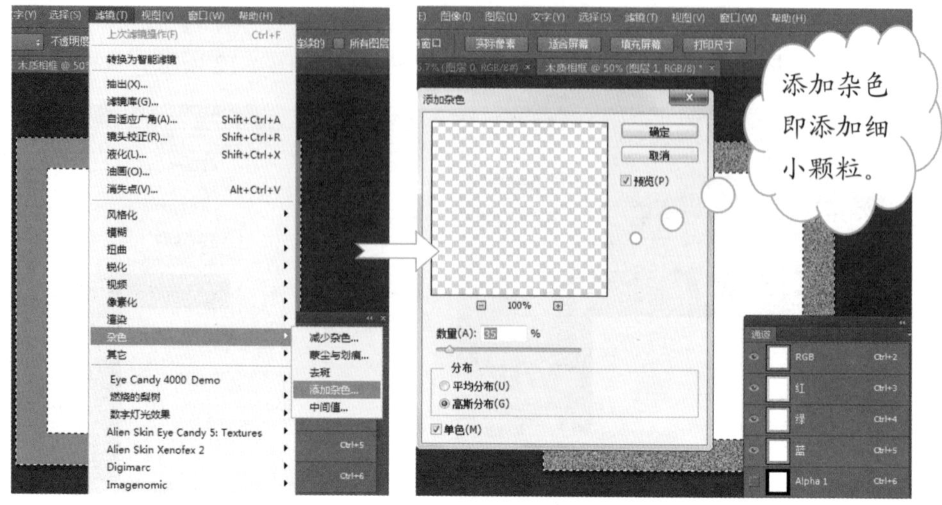

图 4-14　添加杂色

10. 执行菜单栏中的【滤镜(T)】|【模糊】|【动感模糊】命令，弹出“动感模糊”对话框，在该对话框中，将“角度(A)”值设置为0度，“距离(D)”调整为20像素，如图 4-15 所示，单击【确定】按钮。接着执行菜单栏中的【选择(S)】|【取消选择(D)】命令，取消选择。

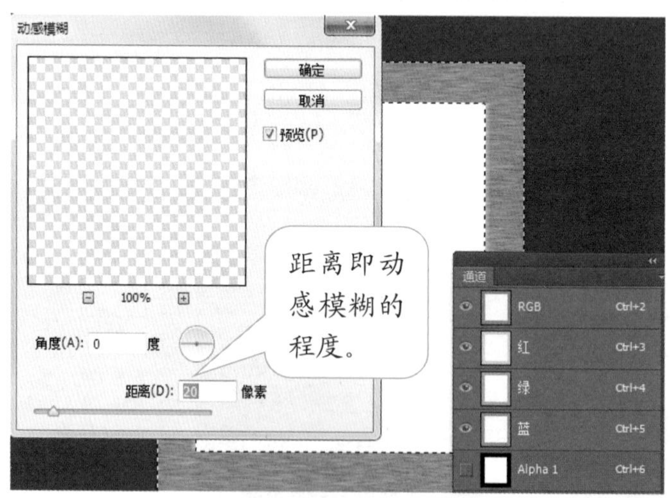

图 4-15　设置动感模糊

11. 执行菜单栏中的【图层(L)】|【图层样式(Y)】|【斜面和浮雕】命令，弹出“图层样式”对话框，其中有“斜面和浮雕”设置，如图 4-16 所示。

12. 选中人物背景为当前图层，按Ctrl + A键将图片全部选中，然后按Ctrl + C键复制图片。

13．用鼠标选中“木质相框”图层为当前层，按Ctrl + V键粘贴图片，调整人物背景在相框中的位置。

14．选中菜单栏中的【图层(L)】|【图层样式(Y)】|【内阴影(I)】选项，弹出“图层样式”对话框的内阴影设置，将“混合模式(B)”选择为“整片叠底”，其他设置均为默认，单击【确定】按钮，得到最终效果如图 4-17 所示。

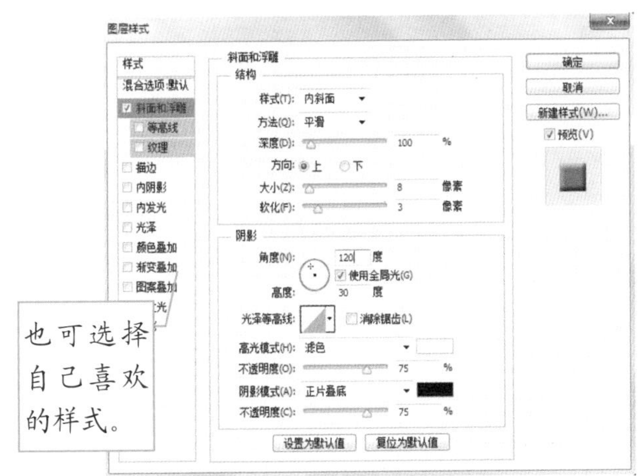

图 4-16 “斜面和浮雕”设置

图 4-17 最终效果

三、制作特殊边缘相框

其实，Photoshop CS6中提供了许多现成的特殊边缘形状的相框，我们只需要在【动作】面板中进行简单操作就可以轻松地给一张照片添加上精美的相框。下面我们就来一起动手给图 4-1 所示的照片添加其他形式的相框。

1．执行菜单栏中的【文件(F)】|【打开(O)】命令，弹出“打开”对话框，指定路径选择照片文件，打开照片。

2．执行菜单栏中的【窗口(W)】|【动作】命令，或者在键盘上按Alt + F9键，弹出“动作”选框。在默认的情况下，动作界面只有“默认动作文件夹”，我们需要单击【动作】面板右上角的【属性设置】按钮，在其下拉菜单中单击选中“画框”选项，将“画框”选项载入【动作】面板中。点击【切换对话开/关】按钮来设置命令的可编辑性，如图 4-18 所示。

提示

Photoshop 中的动作按钮可以帮助我们快速完成一系列重复性的任务。使用动作按钮时，实际上是在播放单个文件或一批文件的一系列命令。

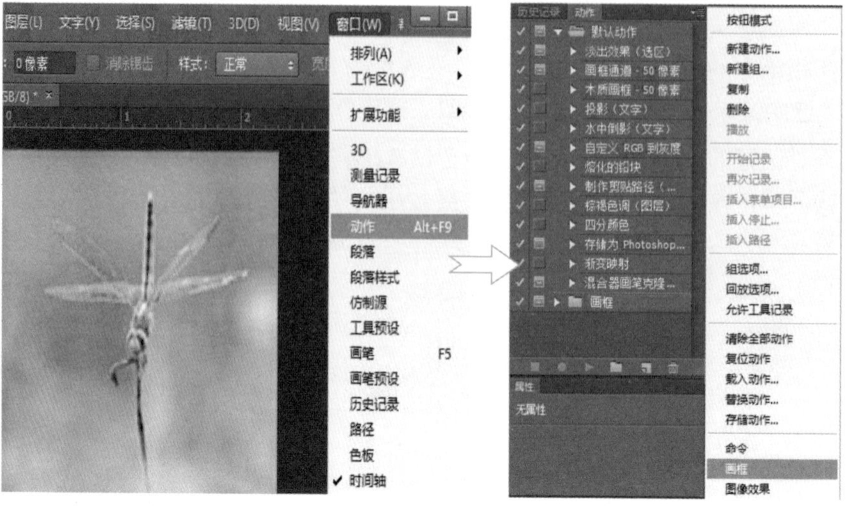

图 4-18　载入画框选项

3．这时点击“画框”文件夹，在其下拉列表中选中要添加的画框类型，例如选中“波形画框”，再点击【动作】面板下方的【播放选定动作】按钮，系统就会自动将选定相框加到照片上。图 4-19 为添加的“波形画框”和“照片卡角”画框效果图。

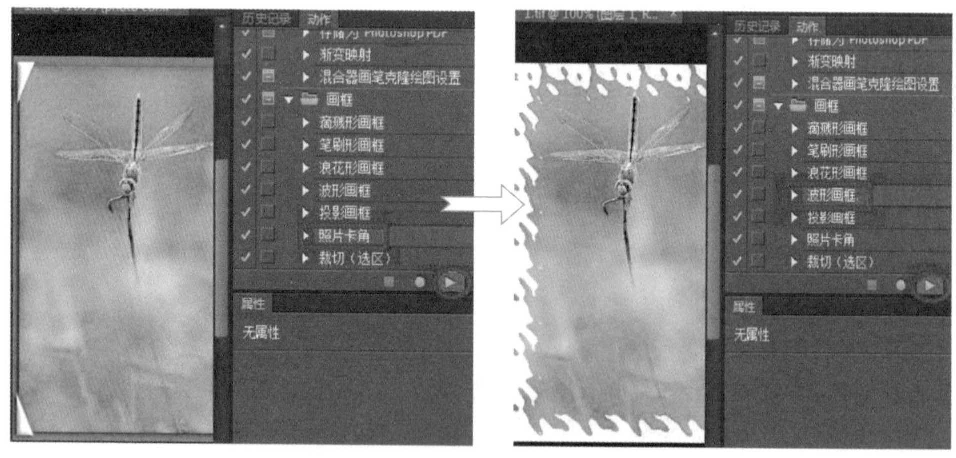

图 4-19　添加的“波形画框”和“照片卡角”画框

提示

【动作】面板中有大量的画框可供选择，例如：波形画框、浪花形画框、投影画框、滴溅形画框、笔刷形画框等。

平凡照片，馆藏艺术

通过上一节的学习，大家掌握了制作相框的方法。接下来，我们利用 Photoshop CS6 的【光照效果】滤镜制作馆藏艺术照效果。

利用【光照效果】滤镜可以在 RGB 图像上产生无数种光照效果。也可以使用来自灰度文件的纹理产生类似 3D 的效果，如图 4-20 所示。

图 4-20 光照效果

具体操作步骤如下：

1. 选择菜单栏中的【文件(F)】|【新建(N)】选项，在弹出的对话框中设置“名称(N)”为灯光效果，文档“宽度(W)”为 800 像素，“高度(H)”为 640 像素，“颜色模式(M)”选为 RGB 颜色，其他设置均为默认值。单击【确定】按钮创建文档，如图 4-21 所示。

2. 将前景色设置为棕褐色（#573601），按 Alt+Delete 键用前景色进行填充，如图 4-22 所示。

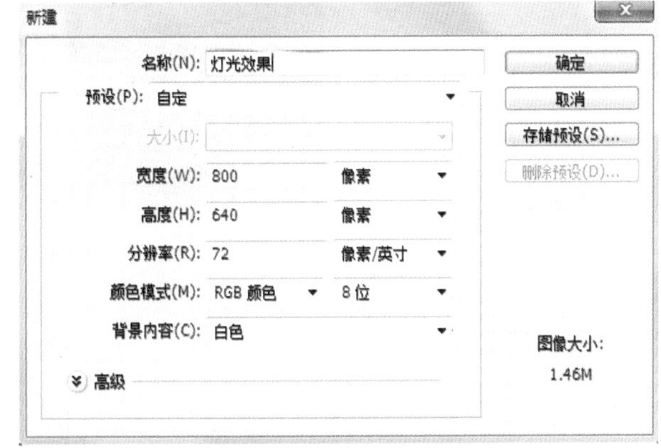

图 4-21 新建文档

3．执行【滤镜(T)】|【滤镜库(G)】|【纹理】|【纹理化】命令，弹出“纹理化”对话框。设置“纹理(T)”为“画布”，“缩放(S)”为 150%，“凸现(R)”为 4，“光照(L)”为“上”，点击【确定】，如图 4-23 所示。

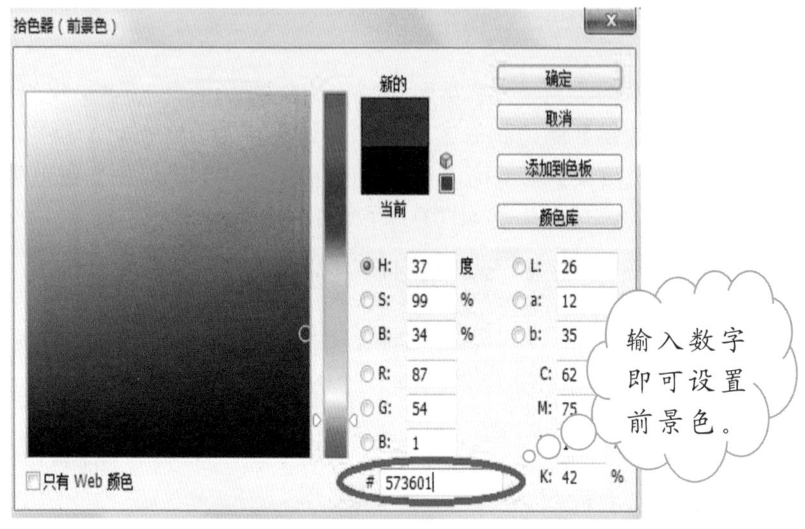

图 4-22　设置前景色

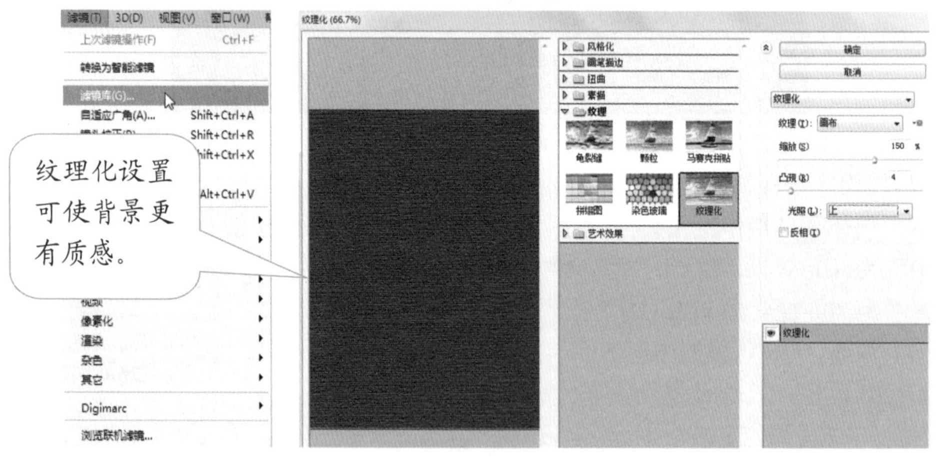

图 4-23　纹理化设置

4．执行【图层(L)】|【新建(N)】|【图层(L)】命令，新建一个图层。接着执行菜单栏中的【窗口(W)】|【动作】命令，在“画框”文件夹下选中“拉丝铝画框”选项，建立一个画框（图 4-24）。

5．将画框全部选中后，复制粘贴至背景图层，选择画框图层按 Ctrl+T，调整画框大小，效果如图 4-24 所示。

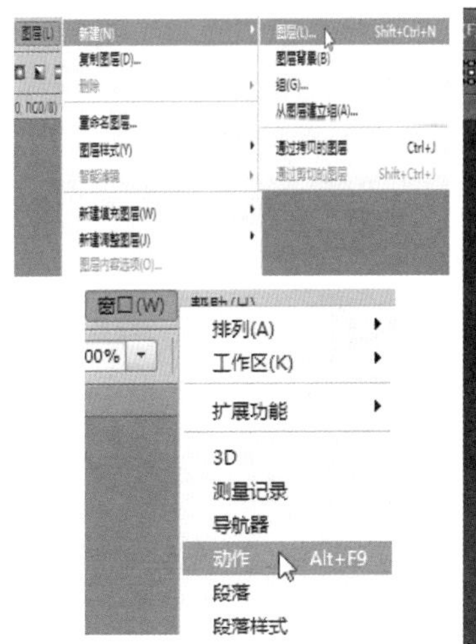

图 4-24　调整画框大小

6．打开一张草原牧马的照片，并将该照片拖放到“灯光效果”背景图层中，把它放到“画框图层”下方，调整照片图层的位置。单击【图层】面板中的“画框”图层，在工具栏中选中【魔术棒工具】，在画框内部单击得到矩形选区。执行菜单栏中的【选择(S)】|【反向(I)】命令，进行反向选取。接着单击【图层】面板中的草原牧马图层，按 Delete 键删除画框以外的部分。按 Ctrl + D 快捷键取消选区。

7．执行菜单栏中的【图层(L)】|【合并图层】命令，合并所有的图层，得到图 4-25 所示效果。

图 4-25　草原牧马

提示　图层的叠放顺序直接影响着图像的可视性能，图层位置越靠上越先显示。

8．执行菜单栏中的【滤镜(T)】|【渲染】|【光照效果】命令，弹出“光照效果”对话框，如图 4-26 所示。光照“样式”选为“三处点光”，“光照类型”选择

为“点光”，“强度”设为71，“聚光”调为最大。点击“光源颜色”选框，选择光源的颜色。用鼠标分别移动灯光中心的锚点，将其放到图形中的合适部位，按照此步设置依次调整其他两个灯光的锚点。调整好后点击【确定】按钮保存设置。

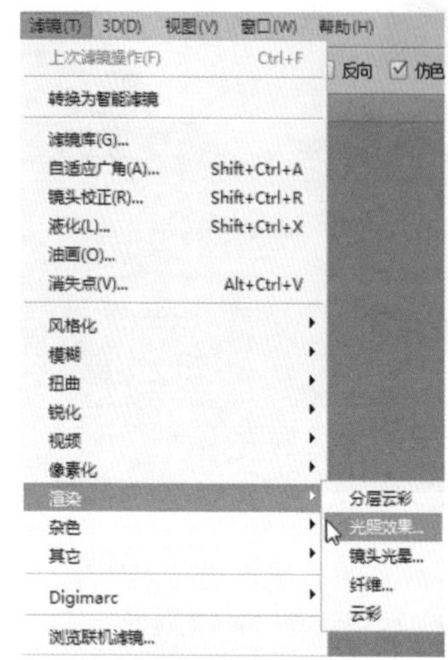

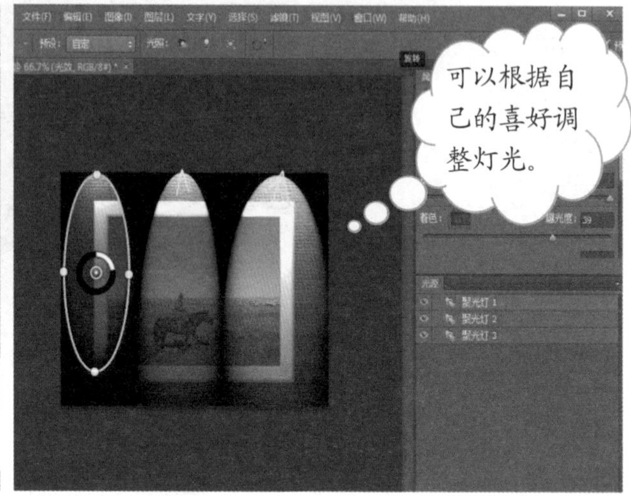

图4-26　调整光照设置

提示　在“光照效果”对话框中除了提供多种光照样式外，你还可以自行调节椭圆形光源的5个锚点，设置灯光的位置、方向和范围。

图4-27　草原牧马馆藏效果

9. 最后，选中工具栏中的【文字工具】，设置字体属性，然后在照片的右下角键入“草原牧马”几个字，最终效果如图4-27所示。

10. 单击菜单栏中的【文件(F)】|【存储为(A)】选项，保存图片。

龟裂表盘，个性彰显

我们在对照片进行后期处理的过程中，如果对图形进行粗糙化处理，增加图像的缺憾感，给图像一个饱经风霜的外观并赋予自己喜欢的个性，可以给人耳目一新的感觉。这一节我们利用 Photoshop 中的 Alpha 通道技术将图 4-28 中的两幅图片进行合成，从而制作出非同一般的效果。

具体操作步骤如下：

1. 选中土地龟裂的图片，点选颜色【通道】面板，查看颜色通道， 确定哪个通道内的色调信息最佳。

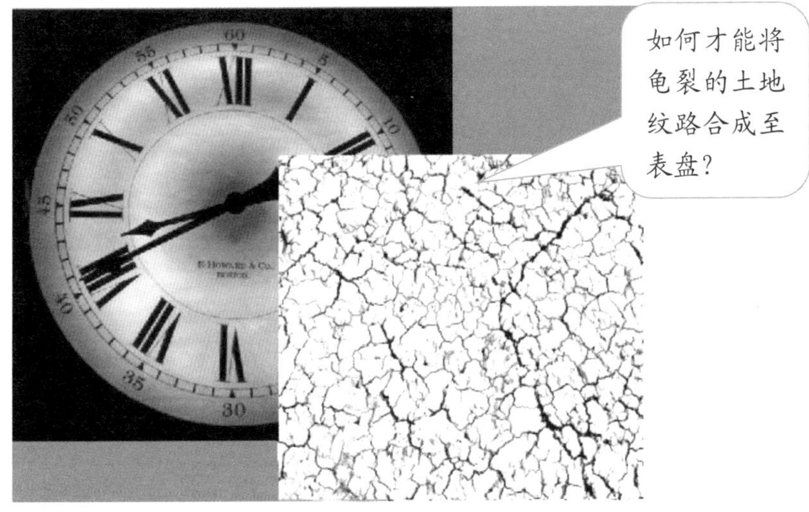

图 4-28　表盘和龟裂的土地

2. 将“红”通道拖动到【通道】面板下方的【创建新通道】按钮上，复制该通道，如图 4-29 左图所示。

提示　在“红”通道中，可以获得几乎完美的土地龟裂的纹路，所以对“红”通道进行复制。

3. 点击菜单栏中的【图像(I)】|【调整(J)】|【曲线(U)】选项，通过调节曲线来大幅度增加图像的对比度，见图 4-29 右图。

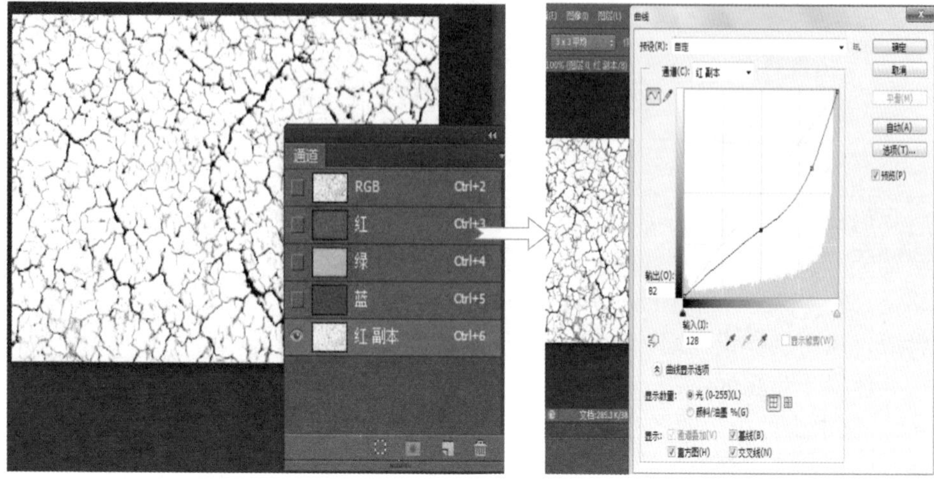

图 4-29 创建红副本通道及增加对比度

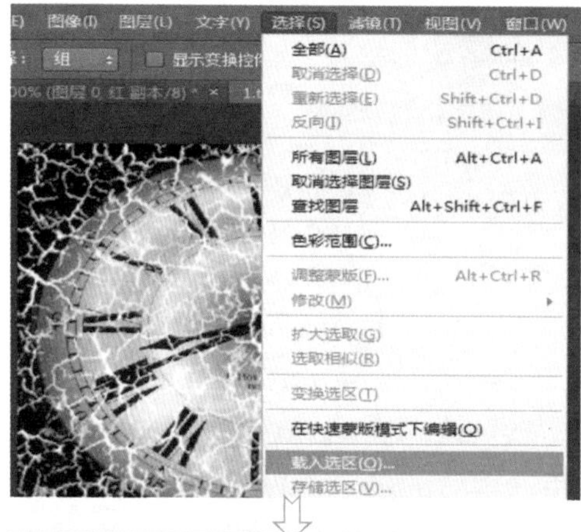

图 4-30 载入选区及反向

4．选择工具栏中的【移动工具】，用鼠标将土地龟裂图片中的“红副本”通道直接拖动到表盘图片中。

5．双击表盘图片背景，在弹出的“新建图层”对话框中键入“名称(N)”为“表盘”，点击【确定】按钮将背景转换为图层。

6．在表盘的【通道】面板中使“红副本”图层为可见图层，将其余通道中的可视性置为不可见，返回【图层】面板，选中“表盘”图层，执行菜单栏中的【选择(S)】|【载入选区(O)】命令，弹出“载入选区”对话框，在该对话框的“通道(C)”中选择“红副本”通道，单击【确定】按钮，效果见图 4-30 上图。

7．再执行菜单栏中的【选择(S)】|【反向(I)】命令，反向选中“红副本”，效果见图 4-30 下图。

8．加大通道的对比度，选择菜单栏中的【图像(I)】|【调整(A)】|【曲线(U)】选项，调节曲线。

9．进一步强化底纹效果，执行【图层(L)】|【图层样式(Y)】|【混合选项(N)】菜单命令，在“混合模式”下拉菜单中选择“正片叠底”的图层混合模式，如图4-31所示。

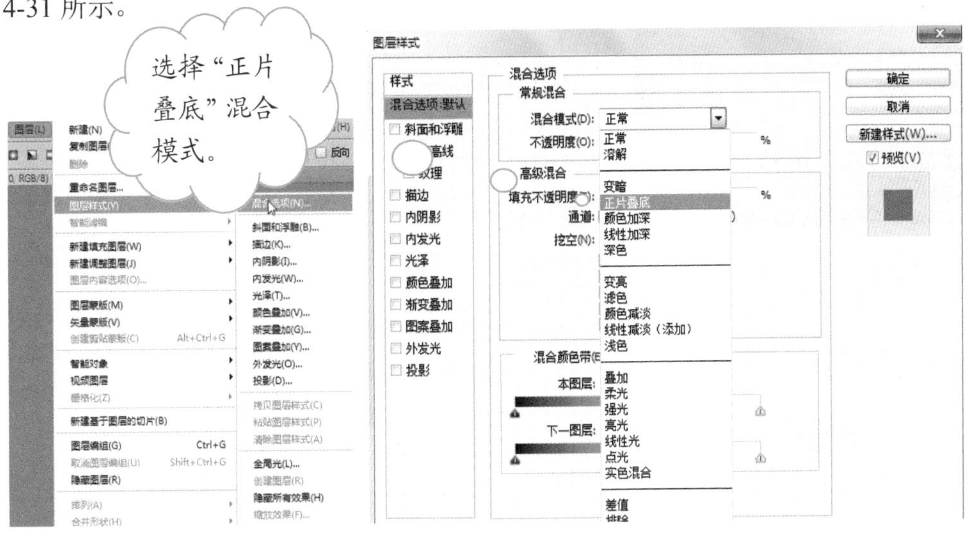

图 4-31　混合选项设置

10．执行菜单栏中的【滤镜(T)】|【滤镜库(G)】|【纹理】|【龟裂缝】命令，弹出“龟裂纹”设置对话框，如图4-32所示。设置“裂缝间距(S)”为5，“裂缝深度(D)”为10，“裂缝亮度(B)”为3，这时图片的效果将显示于该设置对话框左端的预览窗

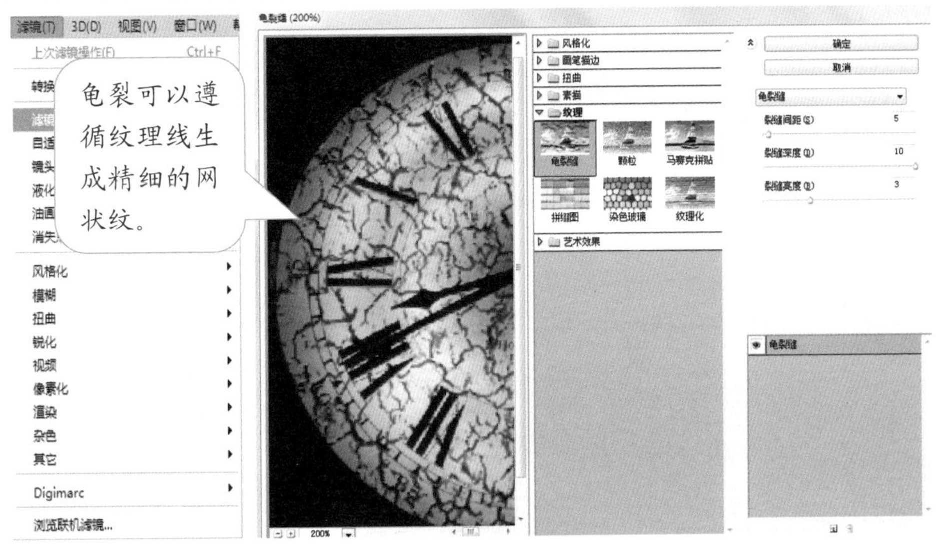

图 4-32　龟裂设置

图 4-33 龟裂的手表

口中，满意后单击【确定】按钮，保存退出，最终效果如图 4-33 所示。

11．最后选择菜单栏中的【文件(F)】|【存储为(A)】命令，在弹出的“存储为”对话框中选择图片存储的路径。将图片存储“格式(F)”设置为 JPEG，点击【确定】按钮。接着弹出“Jpeg 选项”对话框，在该对话框中将“图像品质(Q)”选项设置为 12，点击【确定】按钮，完成保存。

提示

“龟裂缝”滤镜的效果是将图像绘制在一个高凸现的石膏表面上，以遵循图像原有的纹理线生成精细的网状纹。在制作纹理图案时，我们可以选择很多景物，比如沙石的车道、锈蚀的金属等。

改变平淡，添加彩虹

图 4-34 画面平淡的摄影作品

在本节中，我们介绍一幅摄影作品的后期制作过程。这幅摄影作品原本平平淡淡，如图 4-34 所示。但用 Photoshop 软件对它进行后期处理，添加一道美丽的彩虹之后，作品大大提高了其表现力和吸引力。这个后期制作过程主要是利用渐变工具，结合通道和图层的功能实现的。通过本节的学习，可以进一步了解 Photoshop 软件的强大功能和广阔的应用领域。

具体制作过程如下：

1．启动 Photoshop CS6，打开图 4-34 所示的背景照片。

2．选择【图层】面板，点击该面板下方的【创建新图层】按钮，创建一个图层，如图 4-35 所示。点选工具箱中的【渐变工具】，然后点击选项栏中的“渐变”以设置其属性。

图 4-35 创建新图层及设置渐变工具

3．弹出“渐变编辑器”设置对话框，选择“色谱”渐变模式，如图 4-36 所示。在下面的颜色渐变编辑模版上显示出赤、橙、黄、绿、青、蓝、紫的颜色条，用鼠标先选中颜色条上的黄色滑块，按住左键的同时向右拖曳到一定的程度，最终将其“位置(C)”拖到96%。以相同的方法拖动其他颜色的滑块，调整绿色为98%，青色为90%，蓝色为87%，紫色为84%，做出彩虹的渐变色。然后点击【确定】按钮，保存设置。

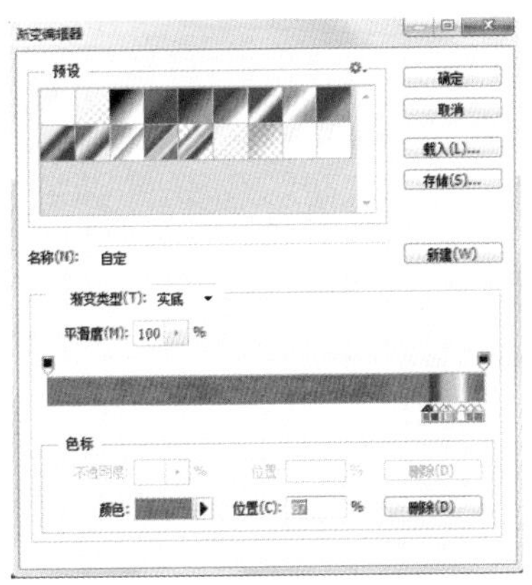

图 4-36 设置颜色渐变色

提示 在【渐变工具】选项栏中有 5 个渐变填充选项，分别是线性渐变、径向渐变、角度渐变、对称渐变、菱形渐变。

4. 在工具选项栏中选中“径向渐变”，然后按住Shift键在画布上拖拉，得到如图 4-37 所示的效果。如果不满意可以反复拖拉直到满意为止。

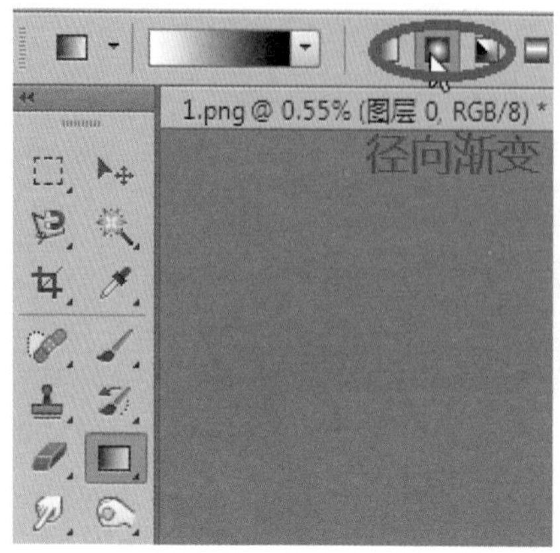

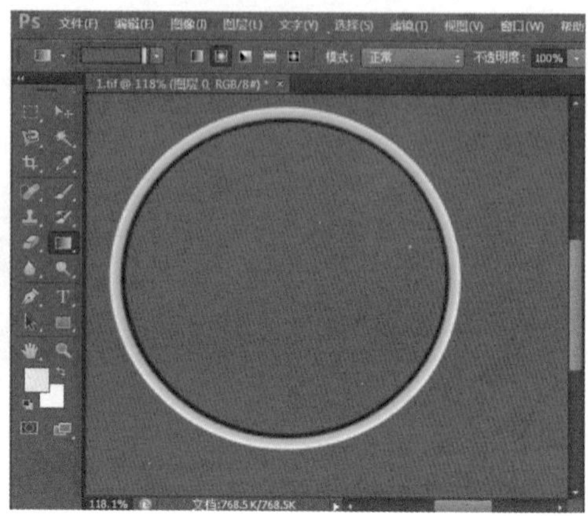

图 4-37　彩虹渐变色

5. 选用工具栏中的【魔棒工具】，在工具选项栏中将“容差”设置为30，勾选“消除锯齿”，设置好属性后在画布的红色地方点击一下，这样在红色容差范围内的颜色就被选中了。

6. 执行菜单栏中的【选择(S)】|【修改(M)】|【羽化(F)】命令羽化边缘，然后在键盘上按 Delete 键删去选区，这样图层中的红色背景就被去掉了。

7. 执行菜单栏中的【编辑(E)】|【自由变换(F)】命令，调整彩虹图层在图片背景中的位置、大小及角度（图 4-38）。

8. 将彩虹图层激活为当前图层，点选【图层】面板下方的【添加图层蒙版】按钮，给彩虹图层添加一个蒙版。

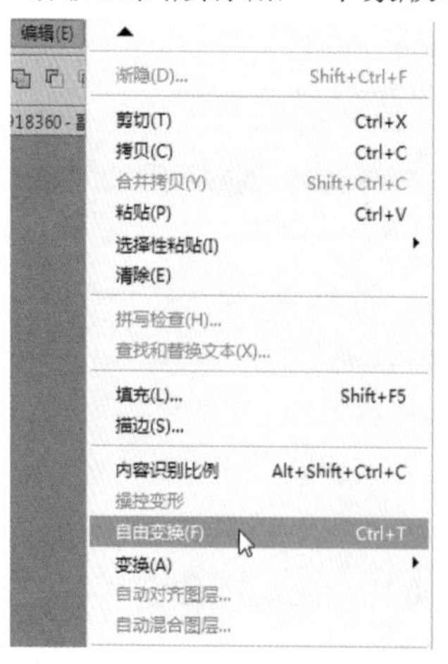

图 4-38　对彩虹图层进行调整、涂抹

如图 4-38 所示，在工具栏中将背景色置为黑色，并且选中【橡皮擦工具】，在工具选项栏中设置其属性，将“不透明度”变为 45%，适时改变橡皮擦的“大小”，对彩虹图层进行涂抹。这样经过橡皮擦涂抹的部位在蒙版图层上就显示为黑色。

提示　在用【橡皮擦工具】对蒙版图层进行修饰时，针对不同部位涂抹要适时改变其“不透明度”的值，这样效果看上去才更真实。

9．执行菜单栏中的【图层(L)】|【合并可见图层】命令将两个图层合并，最后效果如图 4-39 所示。

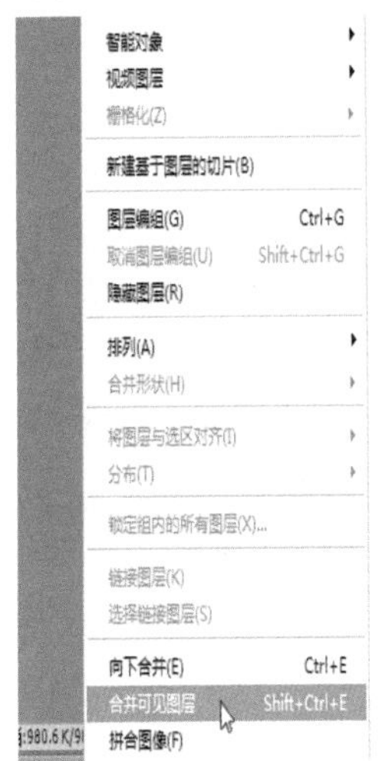

图 4-39　彩虹效果

10．最后选择菜单栏中的【文件(F)】|【存储为(A)】命令，保存图片。

水中倒影，颠倒世界

在上一节中，我们介绍了后期制作彩虹的方法。下面我们再介绍一个通过合成图像来改变场景的艺术效果——水中倒影。在本例中，我们为了创建真实的波浪效果，并没有采用 Photoshop 中的波浪滤镜来制作，而是基于真实的水面图像，并通过调整倒影的色调来达到真实的效果。所用的两幅素材图片如图 4-40 所示。

图 4-40　需要合成的两幅原图

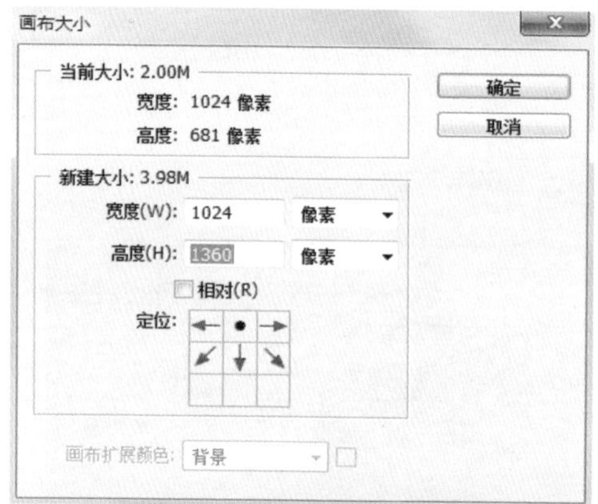

图 4-41　画布大小设置及定位

图 4-42　复制并垂直翻转图案

具体操作步骤如下：

1. 执行菜单栏中的【文件(F)】|【打开(O)】命令，打开如图 4-40 所示的房屋照片。

2. 选择菜单栏中的【图像(I)】|【画布大小(S)】选项，弹出“画布大小”对话框，在该对话框中将“高度(H)”增大到原图像高度的 2 倍，将“定位”类型设为如图 4-41 所示结构，点击【确定】按钮。

3. 执行菜单栏中的【图层(L)】|【复制图层(D)】命令，复制背景图层。

4. 选择工具栏中的【魔棒工具】，设置其属性，将“容差”值设为 30，在复制的背景图层的白色部分单击一下，然后执行【选择(S)】|【反向(I)】命令即可选择图案，按 Ctrl+C 复制后按 Ctrl+V 粘贴，利用工具箱中的移动工具将复制的图案移至下方空白处。

5. 执行菜单栏中的【编辑(E)】|【变换】|【垂直翻转(V)】命令以调整位置，并将其放置在画布下端，如图 4-42 所示。

6. 为了创建真实的波纹效果，在此

我们不使用滤镜。打开水波纹照片，选择菜单栏中的【编辑(E)】|【定义图案(D)】选项，在弹出的“定义图案”对话框中键入“名称”为“波纹”。

7. 选中背景副本为当前图层，执行菜单栏中的【图层(L)】|【图层样式(Y)】|【图案叠加】命令，弹出“图案叠加”设置框，将“混合模式(S)”设置为强光，“不透明度(Y)”设置为 90%，在“图案”的选择库中选择刚添加的波纹样式。随后调整好“缩放”值，如图 4-43 所示。

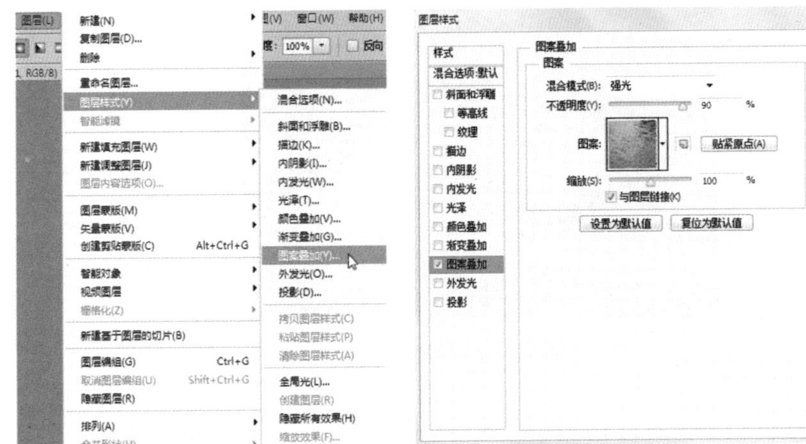

图 4-43 设置图层样式

8. 在水面与陆地相接处，波浪应该更加平缓。为达到这一效果，我们点击复制背景图层的【图层】面板中的【添加图层蒙版】按钮，使用工具栏中的【渐变工具】“从黑色到白色”将波浪和平滑的水面结合在一起。

9. 执行菜单栏中的【图像(I)】|【调整(J)】|【色相/饱和度(H)】命令，在弹出的“色相/饱和度”对话框中调整“饱和度(A)”为−20，“明度(I)”为−30，对倒影部分进行去色处理。完成后点击【确定】按钮，如图 4-44 所示。

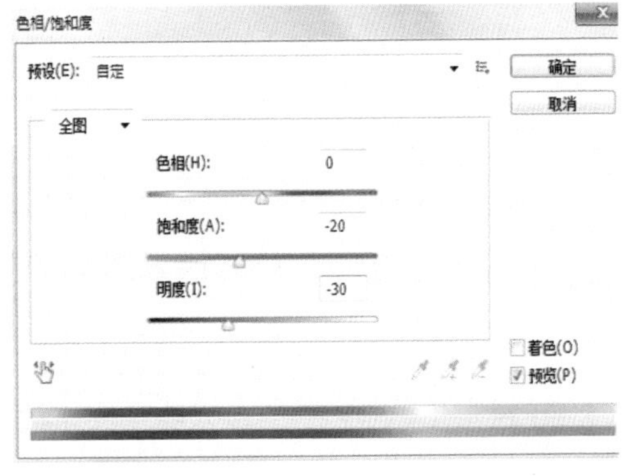

图 4-44 去色处理

10. 最后，在【图层】面板中将倒影图层的“不透明度”调节为 90%，将两个图层进行合并，最终效果如图 4-45 所示。

在制作倒影效果时，如果对画面的真实性要求不高，我们还可以用 Photoshop 中的【滤镜(T)】|【扭曲】|【水波】滤镜和【滤镜(T)】|【模糊】|【特殊模糊】命令进行处理，感兴趣的朋友不妨试一试。

图 4-45　水中倒影效果

提示　倒影不应当和它的反射物具有同样饱和的色彩效果，所以要将倒影部分进行去色处理。加了倒影后，画面立刻变得生动起来了。

魔术镜头，变！变！变！

在现实生活中，每个人只能在固定的时间和地点出现一次，但是，在计算机上，我们可以通过 Photoshop 这一图像处理软件让同一个人重复出现在同一个背景中，从而达到“多胞胎”的神奇效果。这一节，我们就利用快速蒙版、复制、粘贴等命令来制作这一特殊的效果。

具体操作步骤如下：

1．执行菜单栏中的【文件(F)】|【打开(O)】命令，打开图 4-46 所示的 3 张照片，这 3 张照片是同一个人在不同位置拍的照片。

2．选中图 4-46 中左边的一张照片，点击工具栏中的【以快速蒙版模式编辑】

图 4-46 同一人物位置不同

提示 制作这类照片需要有相同的环境和曝光度，最好借助三脚架等设备帮助定位。

选项，进入蒙版编辑状态，选择【画笔工具】，在图像上绘制选区，如图 4-47 所示，对画笔的属性进行设置，将“硬度”调为 0%，“大小”根据实际需要进行更改，其他值均按照默认设置。为了达到比较真实的效果，需要将人物在照片中的阴影与周围的环境一起选中。

在快速蒙版下设置画笔。

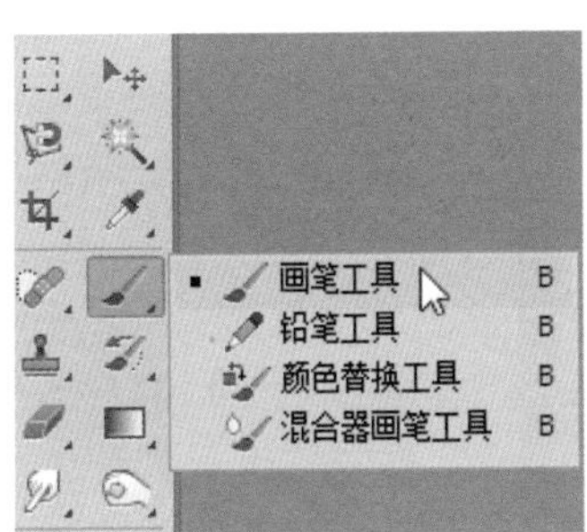

图 4-47 快速蒙版下的画笔设置

3．绘制完成后，点击工具箱中的【以标准模式编辑】按钮，恢复到标准模式编辑状态下，执行菜单栏中的【选择(S)】|【反向(I)】命令，反向选取人物选区，

所选中的人物选区以蚂蚁线的形式显示出来，如图 4-48 所示。

选择(S) 滤镜(T) 3D(D) 视图(V)
全部(A) Ctrl+A
取消选择(D) Ctrl+D
重新选择(E) Shift+Ctrl+D
反向(I) Shift+Ctrl+I
所有图层(L) Alt+Ctrl+A
取消选择图层(S)
查找图层 Alt+Shift+Ctrl+F
色彩范围(C)...
调整边缘(F)... Alt+Ctrl+R
修改(M)
扩大选取(G)
选取相似(R)
变换选区(T)
在快速蒙版模式下编辑(Q)
载入选区(O)...
存储选区(V)...
新建 3D 凸出(3)

图 4-48　选中人物

4. 选择菜单栏中的【编辑(E)】|【拷贝(C)】命令，将选区人物复制。

提示　建立人物选区是为了将照片中的人物“抠”出放到另外的照片中，这样就可以制作多次曝光的效果。

图 4-49　一人两相

5. 接下来用鼠标点击另外一张照片，使其成为当前图层。执行菜单栏中的【编辑(E)】|【粘贴(V)】命令，将第一张照片中的人物粘贴到这张照片中。

6. 选择工具栏中的【移动工具】，对移入的人物图层进行调整，要尽可能将调整的人物放到与原来照片相同的位置上，效果如图 4-49 所示。

7．最后我们选中第三张照片，对其做同样的处理。点击工具栏中的【以快速蒙版模式编辑】选项，进入蒙版编辑状态。选择【画笔工具】，在图像上绘制选区，将画笔的属性“硬度”设置为 0%，“大小”根据实际需要进行更改，其他值均按照默认设置，如图 4-50 所示。

图 4-50 勾勒第三人

8．点击工具箱中的【以标准模式编辑】按钮，恢复到标准模式编辑状态下，执行菜单栏中的【选择(S)】|【反向(I)】命令，反向选取人物选区，按 Ctrl+C 键进行复制。

9．用鼠标点击已经移入人物的那张照片，使其为当前的图层，按 Ctrl+V 键对选区进行粘贴。

10．选择工具栏中的【移动工具】，对移入的人物图层进行调整。

11．执行菜单栏中的【图层(L)】|【合并图层】命令，对所有图层进行合并。最终效果如图 4-51 所示。

以上就是制作多胞胎效果的过程，有兴趣的朋友不妨试着做一做。这样的效果好像多胞胎大聚会，如果人物表情配合得巧妙，可以制作出更奇异的效果。

图 4-51 三胞胎大聚会

呼风唤雨，细腻朦胧

拍摄雨雪中的照片往往给人以细腻、朦胧的感觉，但是要把细细的雨丝和雪片都拍摄下来确实不是件容易的事情，往往会出现如图 4-52 的雨景照片。我们现在用 Photoshop 图形图像处理软件经过对雨雪照片后期的处理就可以将这种场景淋漓尽致地表现出来。这一节我们主要用样式和图层混合模式来制作这一效果图。

这是一张雨景照，但看不到空中细腻的雨丝。

图 4-52　雨景照片

下面我们来制作雨淋淋的效果图，具体操作步骤如下：

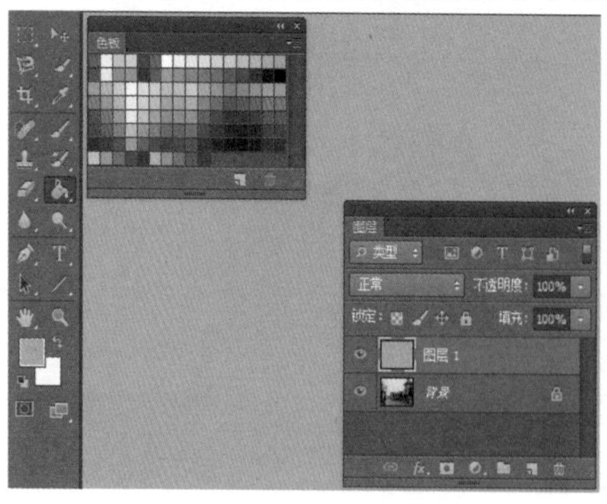

图 4-53　填充新建图层

1．选择菜单栏中的【文件(F)】|【打开(O)】选项，在弹出的“打开”对话框中选择正确路径，打开图 4-52 所示的照片。

2．执行菜单栏中的【图层(L)】|【新建(N)】|【图层(L)】命令，新建一个图层。如图 4-53 所示，在【色板】上选中 50% 灰色为前景色，选用工具栏中的【油漆桶工具】将 50% 灰色填充在新建的图层中。

提示 如果 Photoshop 窗口没有显示预设的【色板】面板，可以选中菜单栏中的【窗口(W)】|【色板】，这样“色板”选框在工作面板中就会显示出来。

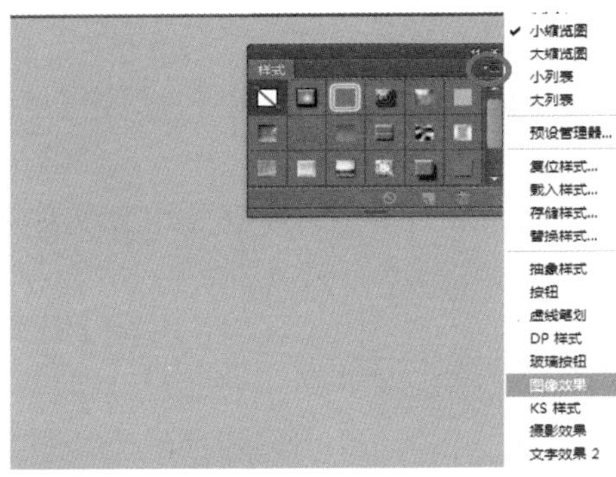

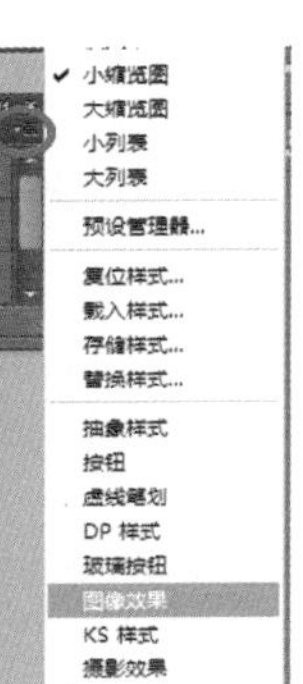

3. 添加图层样式。打开【样式】面板，点击面板右上角的黑色三角，在弹出的菜单中选中“图像效果”，接着 Photoshop 会弹出一个对话框，在该窗口上点击【确定】按钮，这样就可以在【样式】面板中看见追加进来的样式了。

4. 在【样式】面板中选择“雨”样式图标，当前图层上就出现了条条雨丝。在【图层】面板上打开图层混合模式的下拉菜单，将图层混合模式设定为“叠加”，下面的背景照片就显示出来了，与当前层的雨丝合为一体。

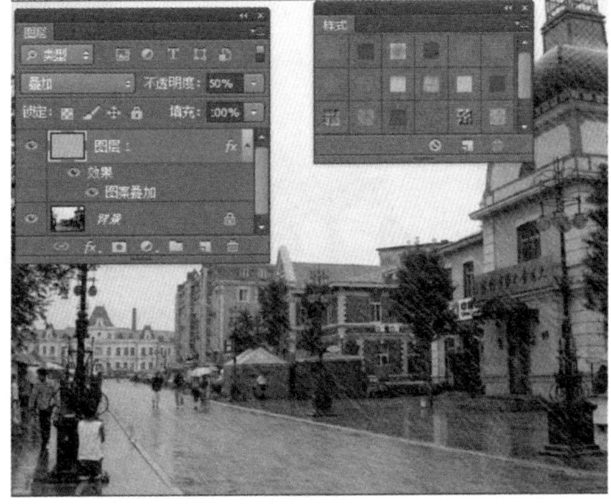

5. 对图层的不透明度进行调整。在【图层】面板右上方的“不透明度”设置中将其降低到 58%。

6. 用鼠标在【图层】面板下方单击【添加图层蒙版】图标，在当前的层上建立一个图层蒙版，在工具箱中选择【画笔工具】，设定前景色为黑色，调整笔刷的“大小”，将“不透明度”设置为 50% 左右。用这种灰色的画笔在图像中将有损画面美观位置的雨丝小心地抹去一部分，通过这样的淡化处理雨丝的效果看上去就会更逼真。

样式、图层叠加及蒙版如图 4-54 所示。在图像效果样式中有多种样式可供选择，如雾、雪、雨等。

图 4-54 样式、图层叠加及蒙版

婆娑树影，缕缕阳光

阳光穿透树林的枝叶洒下万道金光，那种感觉实在令人陶醉，但这种效果是可遇而不可求的，有时即便遇到了也很难准确地记录下来。但是，我们利用 Photoshop 实现这一效果却不是很难。这一节我们将介绍如何使用通道、径向模糊、添加蒙版和调整图片色相以及饱和度等操作命令来实现这一效果。

具体操作步骤如下：

1．选择菜单栏中的【文件(F)】|【打开(O)】选项，在弹出的“打开”对话框中选择正确路径，打开图 4-55 所示的照片。

图 4-55　阴天拍摄的树影

2．打开【通道】面板，分别观察 RGB 三个通道，如图 4-56 所示，选择一个反差最大的通道，在这张照片中，经过比较，“蓝”通道的反差最大。

提示　在【通道】面板中点击通道前的“眼睛”图标，可以隐藏通道，再次点击可以恢复通道的显示。

3．用鼠标点击“蓝”通道，单击面板下方的【将通道作为选区载入】图标，载入“蓝”通道选区，可以看到图像中凡是高于50%亮度的地方都被选中了。打开

【图层】面板，用鼠标单击背景图层并激活，选择菜单栏中的【图层(L)】|【新建(N)】|【通过拷贝的图层(C)】选项，或者按 Ctrl + J 键，将背景层中选区内的图像复制为新的图层。

图 4-56 选择合适的通道

4．执行菜单栏中的【滤镜(T)】|【模糊】|【径向模糊】命令，弹出“径向模糊”对话框，将“模糊方法”选为“缩放(Z)”，“数量(A)”调节为 100, 用鼠标把模糊中心移到左上方，相当于照片中光线投射过来的地方，点击【确定】按钮，保存设置，如图 4-57 所示。

图 4-57 径向模糊

5．将【图层】面板的混合模式设置为“变亮”。单击该面板下方的【添加图层蒙版】图标，建立图层蒙版。然后在工具箱中选中【画笔工具】，设置前景色为黑

色，调节笔刷的“大小”，细心地将树干和枝叶涂抹出来。

6. 执行菜单栏中的【图层(L)】|【复制图层(D)】命令，复制背景图层。按住Ctrl键，用鼠标单击上面光线层的蒙版，载入蒙版选区。用鼠标单击【图层】面板下面的【添加图层蒙版】图标，为背景图层建立一个与上面光线完全相同的图层蒙版，用鼠标单击背景副本的缩略图，退出蒙版编辑状态。

7. 选择菜单栏中的【图像(I)】|【调整(J)】|【色相/饱和度(H)】选项，打开“色相/饱和度”对话框。调节“色相(H)”滑标，使其值为-10，将“饱和度(A)”设置为20，其他设置均为默认值，满意后点击【确定】按钮，如图4-58所示。

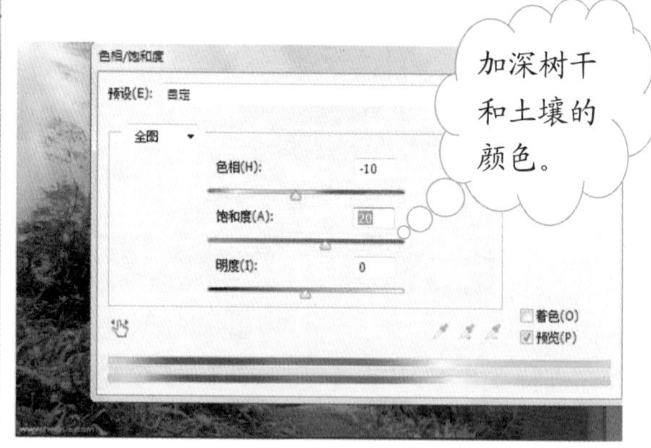

图4-58　调整“色相/饱和度”

8. 在【图层】面板上用鼠标单击光线层的蒙版重新进入光线层的蒙版编辑状态。在工具箱中选择【画笔工具】并设置其属性，将“不透明度”降为40%，适时调整笔刷的“大小”，将前景色设置为黑色，在图像中用笔刷涂抹局部光线，使投射光线适当减弱，这样整个景象更加自然。经过以上的步骤，一幅阳光穿透树林枝叶的效果图就做好了，最终效果如图4-59所示。

图4-59　最终效果

提示　阳光透过树林的枝叶洒满整片树林，给人的感觉十分温馨。

四季变换，穿越时空

利用 Photoshop 处理照片，人们可以摆脱时空的束缚，任由创作者自己发挥想象的空间去创作修改照片。下面我们就来亲身体验一下如何瞬间地将秋天景色变成冬天景色。

本节中，我们将通过通道、色阶、照片滤镜等工具将图 4-60 所示的一张秋意盎然的照片变换成银装素裹的冬天景色。

图 4-60 秋意盎然

具体操作步骤如下：

1. 执行菜单栏中的【选择(S)】|【全选(A)】命令，将照片全部选中，按 Ctrl + C 键复制，点击【通道】面板下面的【创建新通道】图标，创建“Alpha 1”通道，按 Ctrl + V 键粘贴，此时【通道】面板如图 4-61 所示。

2. 执行菜单栏中的【图像(I)】|【调整(J)】|【色阶(L)】命令，弹出“色阶”设置对话框，如图 4-62 所示。设置“输入色阶(I)”为 40、2.38、203，“输出色阶(O)”为 0、255。点击【确定】按钮。

Alpha 选区通道可以将选区变为蒙版或将蒙版变为选区。【色阶】命令可以通过调整图像的黑场、中间调和白场等强度级别来调整图像的色调范围和色彩平衡。

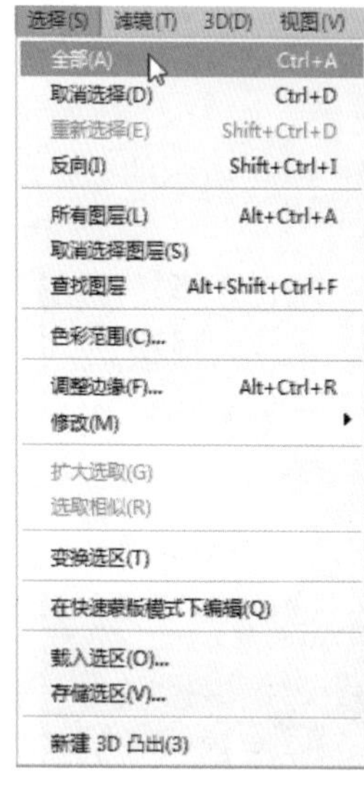

图 4-61 创建“Alpha 1”通道

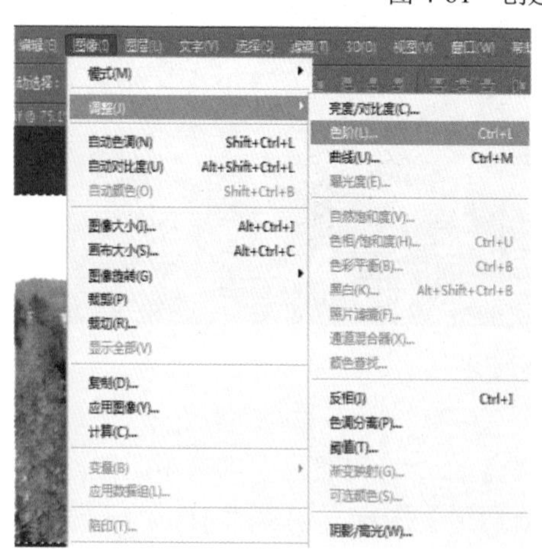

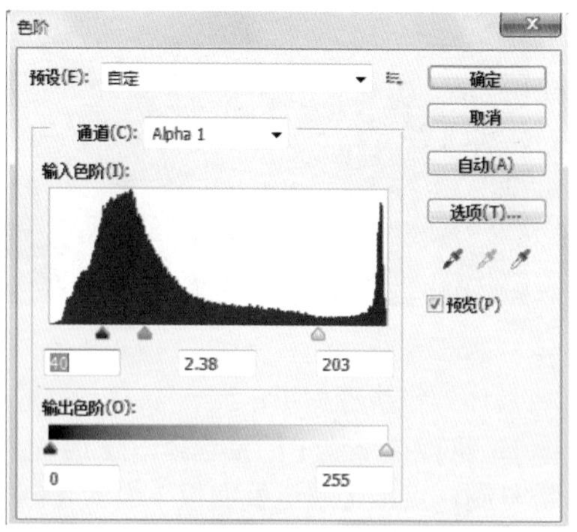

图 4-62 调整色阶

3．按 Ctrl 键的同时单击【通道】面板中的“Alpha 1”通道，载入选区，按 Ctrl + C 键进行复制。

4．点击【图层】面板中的背景图层，返回正常的编辑模式，按 Ctrl + V 键对复制的通道进行粘贴。

5．在工具栏中选择【橡皮擦工具】，将其“硬度”值设置为 0%，“不透明度”设置为 35%，并根据需要改变“大小”，勾选“抹到历史记录”选项，在图像的天空部位进行涂抹。

6．执行菜单栏中的【图像(I)】|【调整(J)】|【照片滤镜(F)】命令，见图 4-63。在弹出的“照片滤镜”对话框的列表选项中选择“冷却滤镜”，点击【确定】按钮，最终效果如图 4-64 所示。

图 4-63 照片滤镜

图 4-64 最终效果图

视野宽阔，拼接全景

全景照片视野宽阔，场面宏大。数码相机的普及为摄影爱好者制作拼接全景照片提供了广阔空间。用户可以使用一部数码相机拍摄多张重叠的照片，然后在计算机上用 Photoshop CS 进行后期处理，从而得到一张在水平方向上更加宽广的照片。本节中，我们就通过具体的例子来介绍如何对两张照片进行拼接。

具体操作步骤如下：

1．打开图 4-65 所示的要制作全景照片的两张素材照片。

2．选中带有篮球筐的照片，执行菜单栏中的【图像(I)】|【画布大小(S)】命令，弹出“画布大小”对话框，用鼠标点击选择定位类型。在“定位”中指定画布扩充

的方向，如图 4-66 所示。“宽度(W)”值增加 1 倍，“高度(H)”不变，画布扩展颜色“背景”选为白色，单击【确定】按钮保存退出。这时背景图片的画面宽度会增加 1 倍，所增加的部分用白色背景填充。

图 4-65　两张有重合的照片

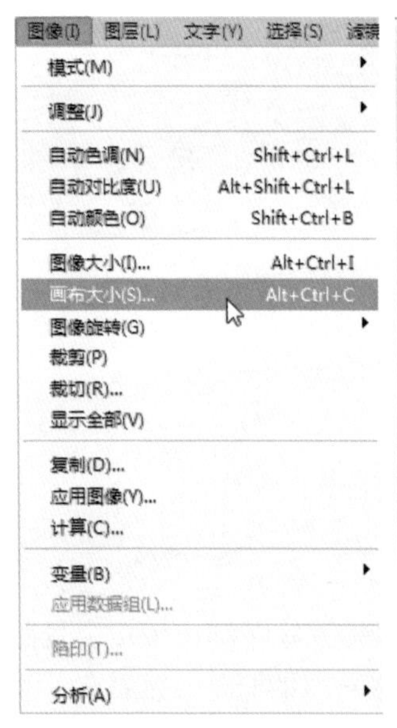

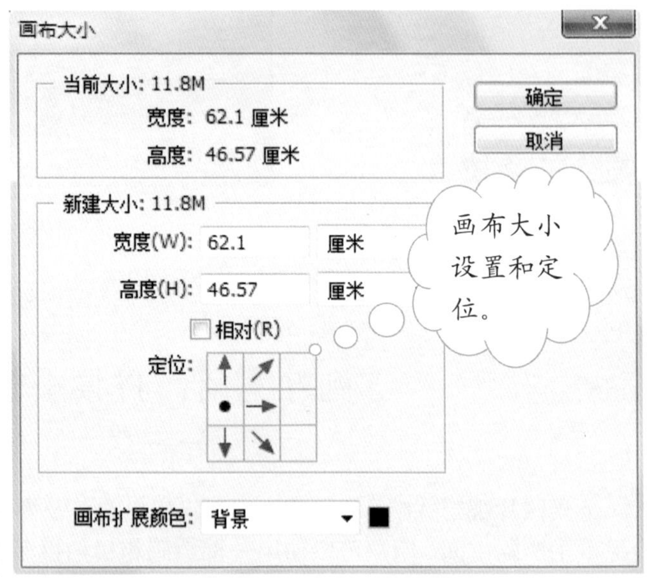

图 4-66　画布扩充

3．用鼠标选中第二张照片，使其为选中状态，在工具箱中选择【移动工具】，将其移入第一张图片中，这时它会以“图层 1”的形式显示出来。

4．在【图层】面板上将移入照片图层的“不透明度”降低为 67%，用【移动工具】调整照片的位置，在两张照片重叠的地方，利用可以识别的建筑、树木等标记进行对位。

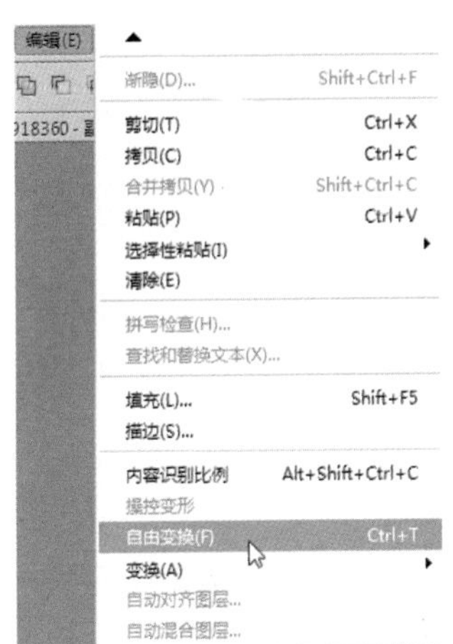

图 4-67 自由变换

5．执行菜单栏中的【编辑(E)】|【自由变换(F)】命令，或者直接按 Ctrl + T 键，如图 4-67 所示，调整照片的倾斜度，使两张照片的重合物尽可能地吻合，满意后按回车键确认操作。

6．在【图层】面板上指定“图层 1”为当前层，并单击其下方的【添加图层蒙版】图标，建立图层蒙版。

图 4-68 自由变换、蒙版和画笔涂抹

7. 在工具箱中选中【画笔工具】，并设定工具箱中的前景色为黑色，在菜单选项栏中设置画笔的属性，调整“不透明度”为 13%，画笔“大小”为 50。用画笔在图像中的接缝处仔细涂抹，将上层图像中不需要的部分精心遮掉，使两张照片天衣无缝地融合在一起。如果对用黑色笔涂抹的地方不满意，还可以用白色笔重新涂抹回来。

自由变换、蒙版和画笔涂抹如图 4-68 所示。

8．融合调整后的照片有一部分发生了缺损，这时我们可以用工具箱中的【仿制图章工具】将右侧图像顶部缺少的树木补上，如图 4-69 所示。

9. 执行菜单栏中的【图层(L)】|【合并图层】命令，将所有图层合并起来。

提示 对照片进行拼接时，应尽力使部分图像重叠，以构成一幅自然的全景图片。

10. 选择工具栏中的【裁剪工具】将拼接后的图像裁剪出来，如图 4-70 所示，按回车键确认操作。

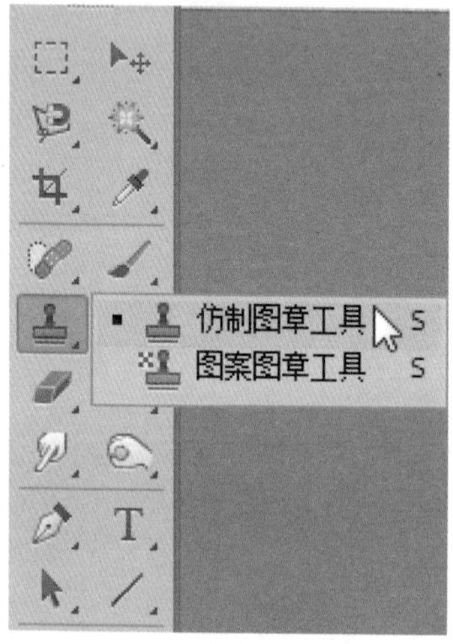

图 4-69 仿制图章工具

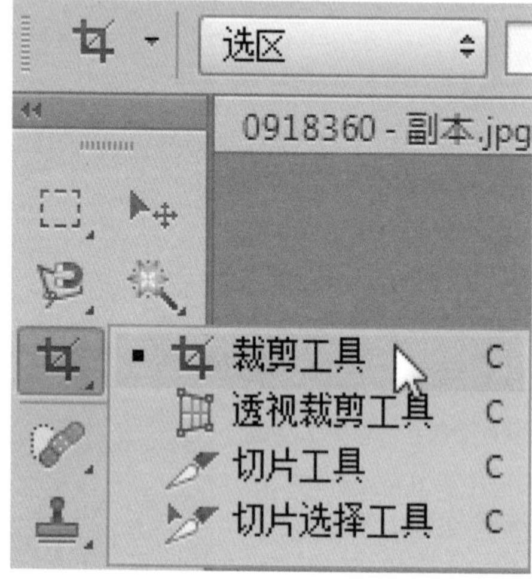

图 4-70 裁剪工具

11. 最后再对图像进行必要的影调和色调调整，直到满意后，将图片保存起来。最终效果如图 4-71 所示。

图 4-71 全景拼接照片

混合精美，艺术味儿

受器材和装备的限制，一般的摄影爱好者拍出称得上是艺术的摄影作品还是有一定的困难。然而有了Photoshop CS的精心处理，往往能让原本很一般的照片产生浓厚的“艺术味儿”。这一节，我们通过改变图层混合模式的方法来制作艺术照片。用这种方法制作艺术照片简单、快捷，一学就会。下面我们就一起动手制作吧！

图 4-72 普通的故宫风景照片

图 4-72 所示为一张普通的故宫照片，尽管照得不错，但要说是一张艺术照片，可能还有点勉强。这里我们可以做一些艺术处理，使其更多地具有一些艺术照的特征。具体操作步骤如下：

1．执行菜单栏中的【图层(L)】|【复制图层(D)】命令，复制背景图层，如图 4-73 所示。

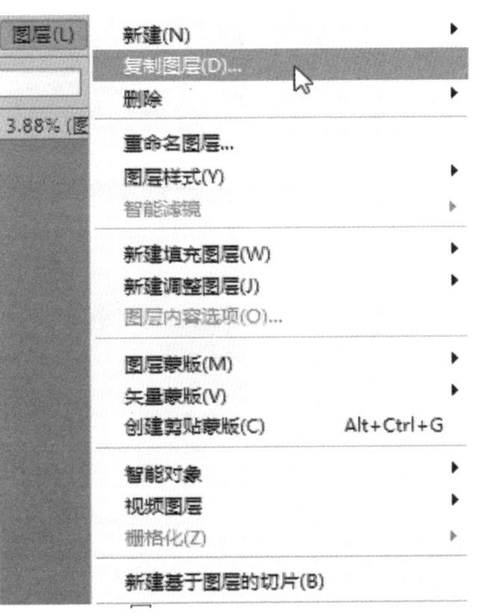

图 4-73 复制图层

2．选择菜单栏中的【图像(I)】|【调整(J)】|【反相(I)】选项，如图 4-74 所示，将背景副本图层变为负像效果的图像。【反相】命令可以将图像中的颜色进行反转，使其出现底片的效果。

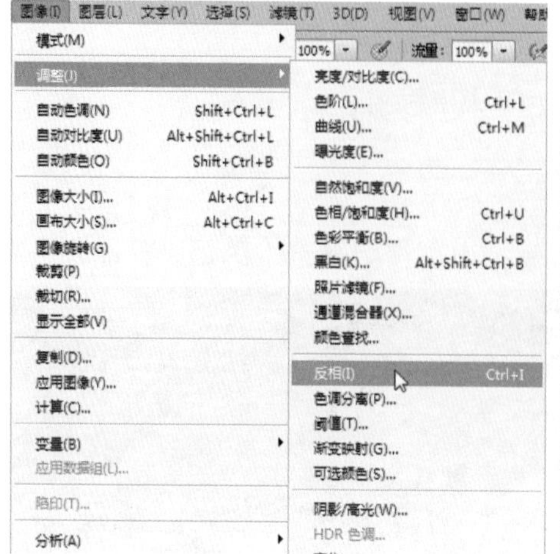

图 4-74　负像效果的图像

3．点击【图层】面板，打开“图层混合模式”的下拉菜单框，将背景副本的混合模式设定为“差值”，经过这样简单的处理，照片中的天空就出现了金黄色的效果，如图 4-75 所示。

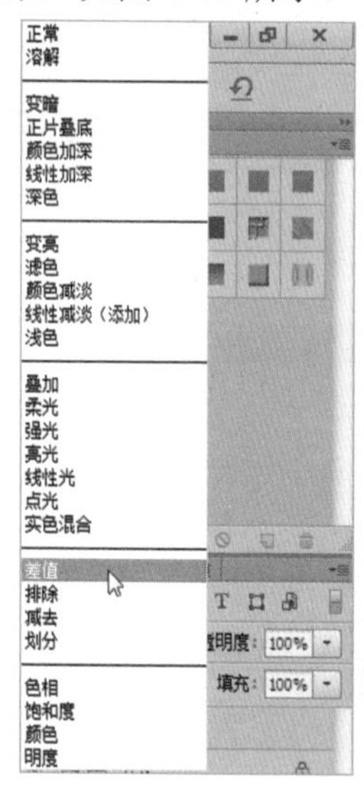

图 4-75　金黄色的效果

4．接着执行菜单栏中的【图层(L)】|【复制图层(D)】命令，复制成“背景副本 2”图层，这时三个图层经过混合叠加后，照片的颜色呈现出一种特殊的效果。

5．在【图层】面板上指定背景层为当前层，执行菜单栏中的【图像(I)】|【调整(J)】|【曲线(U)】命令，打开曲线面板。在该面板中用鼠标将曲线向下压弯成弧

形，这样调节曲线后，背景层的影调被压暗了，照片中光线的效果进一步得到加强，满意后点击【确定】按钮，保存后退出。

6. 在【图层】面板上，指定最上面的“背景副本 2”层为当前图层，将【图层】面板中的混合模式改为“颜色”模式，点击眼睛图标将背景副本层关闭。可以看到图片中的故宫呈现出一种夜晚月光下的景色，又是另一种美丽。

7. 我们从图中观察，发现天空的渲染效果还不尽如人意，接下来我们强化一下天空的效果。选中工具栏中的【磁性套索工具】，将天空建立为选区。

8. 执行菜单栏中的【图层(L)】|【新建(N)】|【通过拷贝图层(C)】命令，或者按 Ctrl + J 键，将天空图像选区复制成一个新的图层，名称为“图层 1”。

9. 在【图层】面板上，打开“图层混合模式”的下拉菜单，将天空图像选区的混合模式设定为“线性加深”。

图像调整及图层混合如图 4-76 所示。

10. 选择菜单栏中的【图像(I)】|【调整(J)】|【色相/

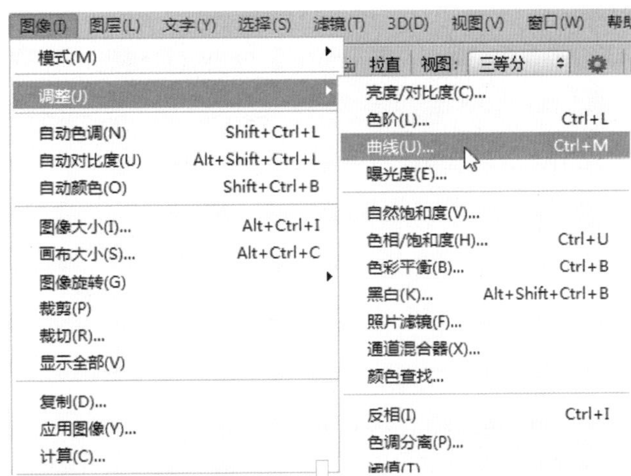

图 4-76 图像调整及图层混合

饱和度(H)】命令，弹出“色相/饱和度”设置对话框，调整“色相(H)”为 17，“饱和度(A)”为 39，点击【确定】按钮保存退出，如图 4-77 所示。

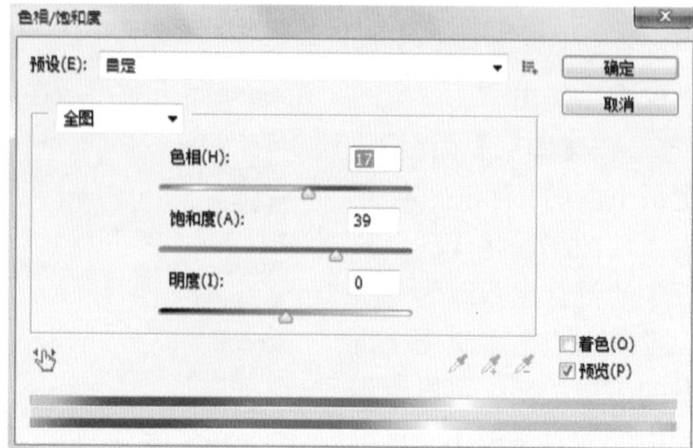

图 4-77　色相和饱和度

经过这样一系列处理，这张普通的故宫照片已经摇身变成了具有特殊艺术表现力的作品了，你看晚霞下的故宫是否更有一种仙境之美（图 4-78）!

图 4-78　混合处理后精美的故宫

提示　“差值”模式适用于模拟原始设计的底片，尤其适用于当其背景颜色的一个区域到另一个区域有变化的图像，使之产生突出效果。